高等院校数字艺术精品课程系列教材

Cinema 4D

全彩慕课版

核心应用案例教程

杨吉才 赵颖 主编／高金宝 张梦帆 李文蕙 副主编

U0202706

人民邮电出版社
北　京

图书在版编目（CIP）数据

Cinema 4D核心应用案例教程：全彩慕课版 / 杨吉
才，赵颖主编. -- 北京：人民邮电出版社，2023.6（2024.6重印）
高等院校数字艺术精品课程系列教材
ISBN 978-7-115-60038-7

Ⅰ. ①C… Ⅱ. ①杨… ②赵… Ⅲ. ①三维动画软件－
高等学校－教材 Ⅳ. ①TP391.414

中国版本图书馆CIP数据核字(2022)第168704号

内 容 提 要

本书全面、系统地介绍 Cinema 4D 的基本操作技巧和核心功能，包括初识 Cinema 4D、Cinema 4D 基础知识、Cinema 4D 建模技术实战、Cinema 4D 灯光技术实战、Cinema 4D 材质技术实战、Cinema 4D 渲染技术实战、Cinema 4D 动画技术实战和 Cinema 4D 商业案例实战等内容。

本书前两章介绍 Cinema 4D 的基本情况和基础知识，第 3～7 章介绍 Cinema 4D 的技术实战，第 8 章介绍完整的商业案例。第 3～7 章以课堂案例为主线，每个案例都有详细的操作步骤，可以使读者快速熟悉 Cinema 4D 的功能并领会设计思路。第 3～7 章的软件功能解析部分使读者能够深入学习软件功能和制作特色，课堂练习和课后习题部分可以拓展读者对软件的实际应用能力。第 8 章的商业案例实战可以帮助读者快速掌握商业项目的设计理念和设计元素，从而顺利达到实战水平。

本书可作为高等院校、高职高专院校数字媒体艺术类专业相关课程的教材，也可供初学者自学参考。

◆ 主　编　杨吉才　赵　颖
　　副主编　高金宝　张梦帆　李文蕙
　　责任编辑　桑　珊
　　责任印制　王　郁　焦志炜
◆ 人民邮电出版社出版发行　　北京市丰台区成寿寺路 11 号
　　邮编　100164　电子邮件　315@ptpress.com.cn
　　网址　https://www.ptpress.com.cn
　　北京世纪恒宇印刷有限公司印刷
◆ 开本：787×1092　1/16
　　印张：13.5　　　　　　　2023 年 6 月第 1 版
　　字数：349 千字　　　　　2024 年 6 月北京第 3 次印刷

定价：79.80 元

读者服务热线：(010)81055256　印装质量热线：(010)81055316
反盗版热线：(010)81055315
广告经营许可证：京东市监广登字 20170147 号

PREFACE ——————————— 前言

Cinema 4D 简介

　　Cinema 4D（C4D）是由德国 Maxon Computer 公司开发的一款可以进行建模、动画制作、模拟及渲染的专业软件。它在平面设计、包装设计、电商设计、用户界面设计、工业设计、游戏设计、建筑设计、动画设计、栏目片头设计、影视特效设计等领域都有广泛的应用。Cinema 4D 功能强大、高效灵活，深受 3D 建模及渲染爱好者和 3D 设计人员的喜爱，已经成为该领域最流行的软件之一。

如何使用本书

步骤 1 精选基础知识，帮助读者快速了解 Cinema 4D

相关概念

应用领域

设计流程

步骤 2 知识点解析 + 课堂案例，帮助读者熟悉设计思路，掌握制作方法

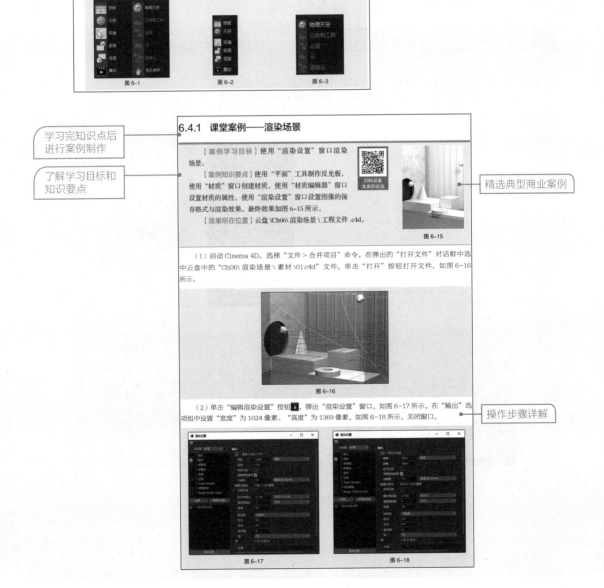

6.1 环境

在设计过程中，如果需要模拟真实的生活场景，除主体元素外，还需要添加地板、天空等自然场景元素。用户在 Cinema 4D 中可以直接创建预置的多种类型的自然场景，并通过"属性"面板改变这些自然场景的属性。

长按工具栏中的"地板"按钮▦，弹出场景列表，如图 6-1 所示。选择"创建 > 场景"命令和"创建 > 物理天空"命令，也可以弹出场景列表，如图 6-2 和图 6-3 所示。在场景列表中单击需要的场景的图标，即可创建对应场景。

图 6-1　　　　图 6-2　　　　图 6-3

> 学习深入 Cinema 4D 渲染技术的基础知识

6.4.1 课堂案例——渲染场景

【案例学习目标】使用"渲染设置"窗口渲染场景。

【案例知识要点】使用"平面"工具制作反光板，使用"材质"窗口创建材质，使用"材质编辑器"窗口设置材质的属性，使用"渲染设置"窗口设置图像的保存格式与渲染效果。最终效果如图 6-15 所示。

【效果所在位置】云盘 \Ch06\ 渲染场景 \ 工程文件 .c4d。

图 6-15

> 学习完知识点后进行案例制作

> 了解学习目标和知识要点

> 精选典型商业案例

（1）启动 Cinema 4D。选择"文件 > 合并项目"命令，在弹出的"打开文件"对话框中选中云盘中的"Ch06\ 渲染场景 \ 素材 \01.c4d"文件，单击"打开"按钮打开文件，如图 6-16 所示。

图 6-16

（2）单击"编辑渲染设置"按钮▦，弹出"渲染设置"窗口，如图 6-17 所示。在"输出"选项组中设置"宽度"为 1024 像素、"高度"为 1369 像素，如图 6-18 所示，关闭窗口。

> 操作步骤详解

图 6-17　　　　图 6-18

步骤 3 课堂练习 + 课后习题，帮助读者拓展应用能力

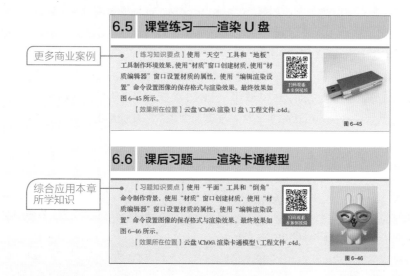

更多商业案例

综合应用本章所学知识

步骤 4 循序渐进，帮助读者掌握真实商业项目的制作过程

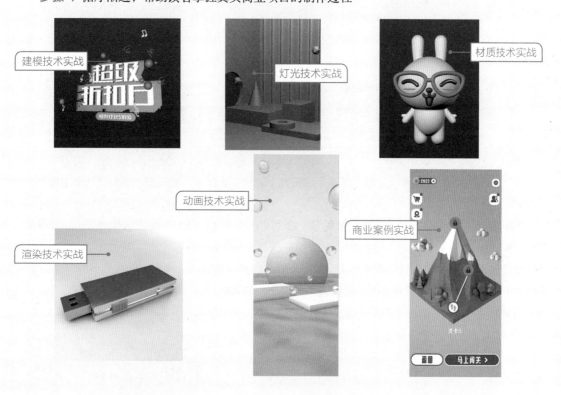

建模技术实战

灯光技术实战

材质技术实战

动画技术实战

商业案例实战

渲染技术实战

配套资源及获取方式

● 全书慕课视频。登录人邮学院网站（www.rymooc.com）或扫描封面上的二维码，使用手机号码完成注册，在首页右上角单击"学习卡"选项，输入封底刮刮卡中的激活码，即可在线观看视频。扫描书中二维码也可以使用手机移动观看视频。

● 电子活页。扫描书中二维码，即可查看扩展案例详细操作步骤的电子活页。

● 所有案例的素材及最终效果文件、PPT 课件、大纲、教案、课堂练习和课后习题。任课教师可登录人邮教育社区（www.ryjiaoyu.com），在本书页面中免费下载使用上述资源。

教学指导

本书的参考学时为 64 学时，其中实训环节为 36 学时，各章的参考学时见下面的学时分配表。

章	课程内容	学时分配	
		讲授	实训
第 1 章	初识 Cinema 4D	2	0
第 2 章	Cinema 4D 基础知识	2	2
第 3 章	Cinema 4D 建模技术实战	8	8
第 4 章	Cinema 4D 灯光技术实战	2	4
第 5 章	Cinema 4D 材质技术实战	4	4
第 6 章	Cinema 4D 渲染技术实战	2	4
第 7 章	Cinema 4D 动画技术实战	4	6
第 8 章	Cinema 4D 商业案例实战	4	8
学时总计		28	36

本书约定

本书案例素材所在位置：云盘 \ 章号 \ 案例名 \ 素材 \ 文件名，如云盘 \Ch05\ 制作金属材质 \ 素材 \01.c4d。

本书案例效果所在位置：云盘 \ 章号 \ 案例名 \ 文件名，如云盘 \Ch05\ 制作金属材质 \ 工程文件.c4d。

本书全面贯彻党的二十大精神，以社会主义核心价值观为引领，传承中华优秀传统文化，坚定文化自信，使内容更好体现时代性、把握规律性、富于创造性。

由于编者水平有限，书中难免存在不妥之处，敬请广大读者批评指正。

编 者

2022 年 3 月

Cinema 4D

CONTENTS —————————— 目 录

—01—

第 1 章 初识 Cinema 4D

—02—

第 2 章 Cinema 4D 基础知识

—03—

第 3 章 Cinema 4D 建模技术实战

Cinema 4D

—04—

第 4 章 Cinema 4D 灯光技术实战

CONTENTS ——————————— 目 录

— 05 —

第 5 章　Cinema 4D 材质技术实战

— 06 —

第 6 章　Cinema 4D 渲染技术实战

Cinema 4D

—07—

第 7 章　Cinema 4D 动画技术实战

—08—

第 8 章　Cinema 4D 商业案例实战

CONTENTS ———————————————————— 目 录

扩展知识扫码阅读

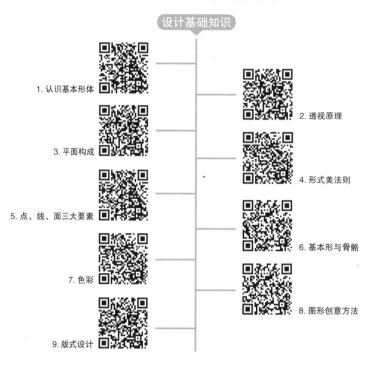

设计基础知识

1. 认识基本形体

3. 平面构成

5. 点、线、面三大要素

7. 色彩

9. 版式设计

2. 透视原理

4. 形式美法则

6. 基本形与骨骼

8. 图形创意方法

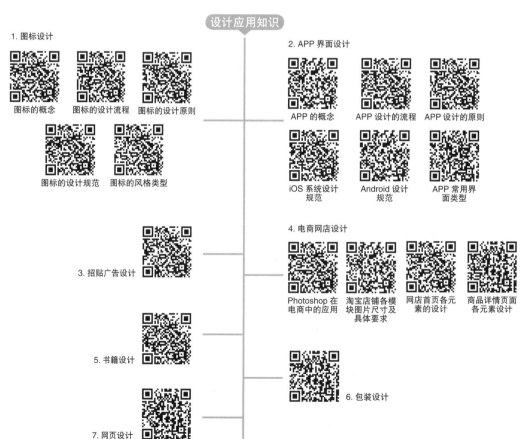

设计应用知识

1. 图标设计

图标的概念　图标的设计流程　图标的设计原则

图标的设计规范　图标的风格类型

3. 招贴广告设计

5. 书籍设计

7. 网页设计

2. APP 界面设计

APP 的概念　APP 设计的流程　APP 设计的原则

iOS 系统设计规范　Android 设计规范　APP 常用界面类型

4. 电商网店设计

Photoshop 在电商中的应用　淘宝店铺各模块图片尺寸及具体要求　网店首页各元素的设计　商品详情页面各元素设计

6. 包装设计

01

第1章

初识 Cinema 4D

▶ **本章介绍**

　　Cinema 4D 作为一款强大的三维模型设计和动画制作软件，已成为当下最受设计师欢迎的软件之一。本章对 Cinema 4D 的基本情况、应用领域及工作流程进行系统讲解。通过对本章的学习，读者可以对 Cinema 4D 有一个系统的认识，掌握 Cinema 4D 的基本操作，以便后续高效、便利地使用 Cinema 4D 进行工作。

知识目标

- 掌握 Cinema 4D 的基本情况。
- 熟悉 Cinema 4D 的应用领域。

慕课视频
初识
Cinema 4D

能力目标

- 掌握 Cinema 4D 的工作流程。

素质目标

- 培养学习 Cinema 4D 的兴趣。
- 培养获取 Cinema 4D 新知识、新技能、新方法的基本能力。
- 树立文化自信、职业自信。

1.1 Cinema 4D 的基本情况

　　Cinema 4D（又称 C4D）是由德国 Maxon Computer 公司开发的一款可以进行建模、动画制作、模拟及渲染的专业软件，如图 1-1 所示。Cinema 4D 在 1993 年从其前身 FastRay 正式更名为 Cinema 4D 1.0。截至 2022 年，Cinema 4D 已经发展了 29 年。截至本书编写时，Cinema 4D 已经发展到了 S24 版本，具备 3D 软件的所有功能，并且更加注重工作流程的便捷性和高效性，即便是新用户也能在较短的时间内入门。无论是个人设计还是团队合作，使用 Cinema 4D 都能得到令人惊叹的效果。

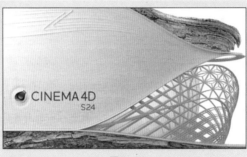

图 1-1

1.2 Cinema 4D 的应用领域

　　随着功能的不断加强和更新，Cinema 4D 的应用领域也愈发广泛，包括平面设计、包装设计、电商设计、用户界面设计、工业设计、游戏设计、建筑设计、动画设计、栏目片头设计、影视特效设计等领域。在这些领域中，Cinema 4D 和其他软件结合而创造出来的设计作品能够给人带来震撼的视觉体验，如图 1-2 所示。

图 1-2

1.3 Cinema 4D 的工作流程

Cinema 4D 的工作流程包括建立模型、设置摄像机、设置灯光、赋予材质、制作动画、渲染输出这六大步骤，如图 1-3 所示。

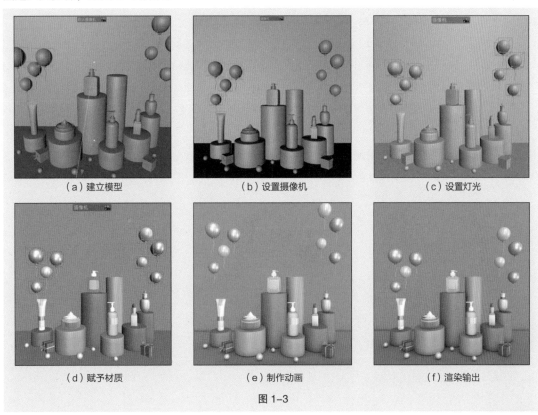

（a）建立模型　　　　　（b）设置摄像机　　　　　（c）设置灯光

（d）赋予材质　　　　　（e）制作动画　　　　　（f）渲染输出

图 1-3

1. 建立模型

运用 Cinema 4D 进行项目制作时，先要建立模型。在 Cinema 4D 中，可以通过参数化对象、生成器及变形器进行基础建模。此外，还可以通过多边形建模、体积建模及雕刻建模创建复杂模型。

2. 设置摄像机

在 Cinema 4D 中建立模型后，需要设置摄像机，并固定好模型的角度与位置，以便渲染出合适的效果图。此外，Cinema 4D 中的摄像机也可以用于制作一些基础动画。

3. 设置灯光

Cinema 4D 拥有强大的照明系统，内置丰富的灯光和阴影效果。调整 Cinema 4D 中灯光和阴影的属性，能够为模型提供真实的照明效果，满足众多复杂场景的渲染需求。

4. 赋予材质

设置灯光后，需要为模型赋予材质。在 Cinema 4D 的"材质"窗口中创建材质球后，在"材质编辑器"窗口中选择相关通道即可对材质球进行调节，为模型赋予不同的材质。

慕课视频

Cinema 4D 的
工作流程

5. 制作动画

不需要加入动画的项目可以直接渲染输出。对于需要加入动画的项目，则需要运用 Cinema 4D 为设置好材质的模型制作动画。在 Cinema 4D 中，既可以制作基础动画，也可以制作高级的角色动画。

6. 渲染输出

以上步骤都完成后，将制作好的项目在 Cinema 4D 中进行渲染输出，以查看最终的效果。在渲染输出之前，还可以根据渲染要求添加地板、天空等场景元素。

第 2 章

Cinema 4D 基础知识

▶ 本章介绍

　　想要快速上手 Cinema 4D，必须熟练掌握 Cinema 4D 的基础工具和基本操作。本章对 Cinema 4D 的工作界面及文件操作进行系统讲解。通过对本章的学习，读者可以对 Cinema 4D 的操作有一个全面的认识，为之后的深入学习打下坚实的基础。

知识目标

慕课视频

Cinema 4D
基础知识

- 熟悉 Cinema 4D 的工作界面。
- 认识 Cinema 4D 的基本工具。

能力目标

- 掌握 Cinema 4D 基本工具的使用。
- 掌握 Cinema 4D 的文件操作。

素质目标

- 培养能够合理制定 Cinema 4D 学习计划的能力。
- 培养对 Cinema 4D 持续学习、独立思考的能力。
- 培养对 Cinema 4D 理论知识联系实际操作的能力。

2.1 Cinema 4D 的工作界面

Cinema 4D 的工作界面分为 10 个部分，分别是标题栏、菜单栏、工具栏、模式工具栏、视图窗口、"对象"窗口、"属性"窗口、时间线面板、"材质"窗口和"坐标"窗口，如图 2-1 所示。

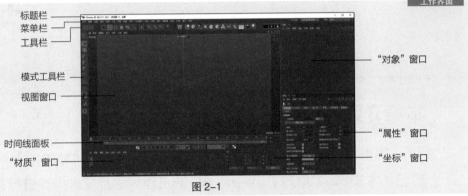

图 2-1

2.1.1 标题栏

Cinema 4D 的标题栏位于工作界面顶端，用于显示软件版本和当前工程项目的名称等信息，如图 2-2 所示。

图 2-2

2.1.2 菜单栏

Cinema 4D 的菜单栏位于标题栏下方，其中包含 Cinema 4D 的大部分功能和命令，如图 2-3 所示。

图 2-3

2.1.3 工具栏

Cinema 4D 的工具栏位于菜单栏下方，它将 Cinema 4D 菜单栏中使用频率较高的功能进行了分类组合，以便用户进行操作，如图 2-4 所示。

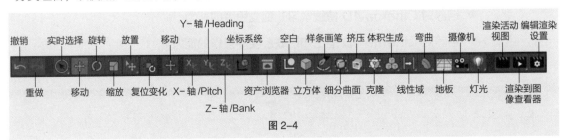

图 2-4

2.1.4　模式工具栏

Cinema 4D 的模式工具栏位于工作界面左侧,与工具栏的作用相似,它提供了一些常用命令和工具的快捷选择方式,如图 2-5 所示。

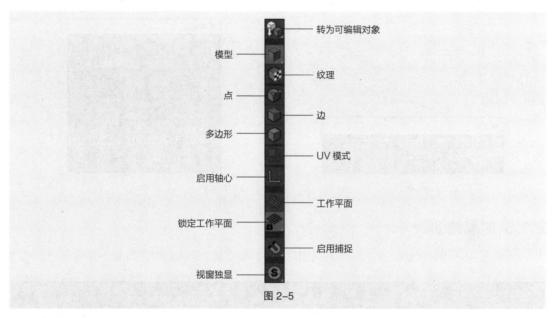

图 2-5

2.1.5　视图窗口

Cinema 4D 的视图窗口位于工作界面中央,用于编辑与观察模型,默认显示透视视图,如图 2-6 所示。

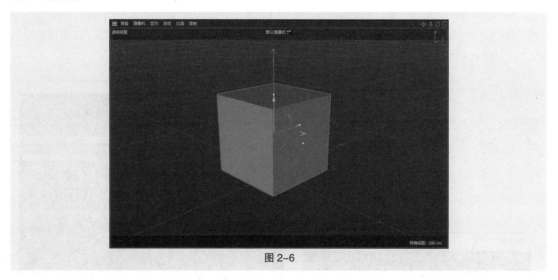

图 2-6

2.1.6　"对象"窗口

Cinema 4D 的"对象"窗口通常位于工作界面右上方,用于显示所有的对象及对象之间的层级关系,如图 2-7 所示。

2.1.7 "属性"窗口

Cinema 4D的"属性"窗口通常位于工作界面右下方,用于调节所有对象、工具和命令的参数,如图 2-8 所示。

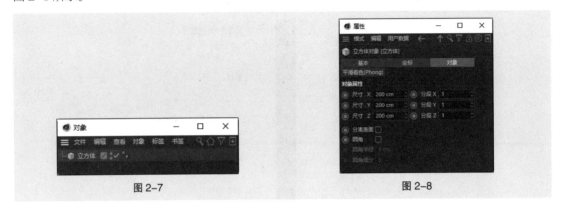

图 2-7　　　　　　　　　　图 2-8

2.1.8 时间线面板

Cinema 4D的时间线面板通常位于视图窗口下方,用于调节动画效果,如图2-9所示。

图 2-9

2.1.9 "材质"窗口

Cinema 4D的"材质"窗口通常位于工作界面底部的左侧,用于管理场景中的材质,如图 2-10 所示。双击"材质"窗口的空白区域,可以创建材质球,双击"材质"图标,将弹出"材质编辑器"窗口,在该窗口中可以调节材质的属性,如图 2-11 所示。

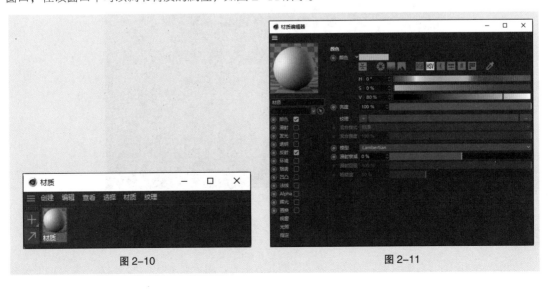

图 2-10　　　　　　　　　　图 2-11

2.1.10 "坐标"窗口

Cinema 4D 的"坐标"窗口通常位于"材质"窗口右侧下方,用于调节所有模型在三维空间中坐标、尺寸和旋转角度等参数,如图 2-12 所示。

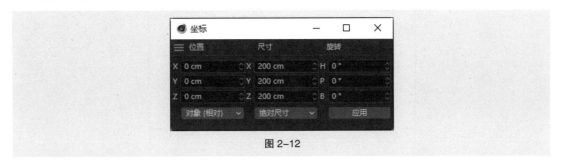

图 2-12

2.2 Cinema 4D 的文件操作

在 Cinema 4D 中,常用的文件操作命令基本集中在"文件"菜单中,如图 2-13 所示,下面具体介绍几种常用的文件操作。

图 2-13

2.2.1 新建文件

新建文件是 Cinema 4D 中最基本的操作之一。选择"文件 > 新建项目"命令,或按 Ctrl+N 组合键,即可新建文件,文件名默认为"未标题 1"。

2.2.2 打开文件

选择"文件 > 打开项目"命令,或按 Ctrl+O 组合键,弹出"打开文件"对话框,在该对话框中选择文件,确认文件类型和名称,如图 2-14 所示,单击"打开"按钮,或直接双击文件,即可打开选择的文件。

图 2-14

2.2.3　合并文件

Cinema 4D 的工作界面只能显示单个文件，因此当打开多个文件时，若需浏览其他文件就需要在"窗口"菜单的底端进行切换，如图 2-15 所示。

图 2-15

选择"文件 > 合并项目"命令，或按 Ctrl+Shift+O 组合键，弹出"打开文件"对话框，在该对话框中选择需要合并的文件，单击"打开"按钮，即可将所选文件合并到当前场景中，如图 2-16 所示。

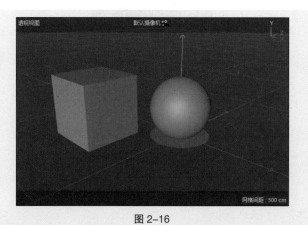

图 2-16

2.2.4　保存文件

文件编辑完成后，需要将文件保存，以便下次打开继续操作。

选择"文件 > 保存项目"命令，或按 Ctrl+S 组合键，可以保存文件。当编辑完成的文件进行第一次保存时，会弹出"保存文件"对话框，如图 2-17 所示，单击"保存"按钮，即可将文件保存。当对已经保存过的文件进行编辑操作后，选择"文件 > 保存项目"命令，将不会弹出"保存文件"对话框，计算机会直接保存最终结果并覆盖原文件。

图 2-17

2.2.5 保存工程文件

包含贴图素材的文件编辑完成后，需要保存工程文件，避免贴图素材丢失。

选择"文件 > 保存工程（包含资源）"命令，可以将文件保存为工程文件，文件中用到的贴图素材也将保存到工程文件夹中，如图 2-18 所示。

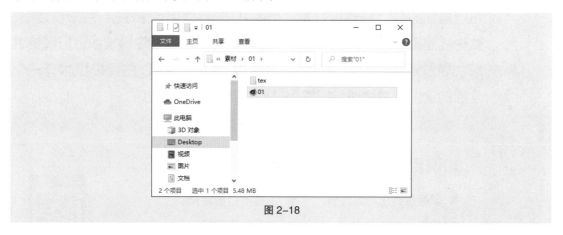

图 2-18

2.2.6 导出文件

Cinema 4D 可以将文件导出为 .3ds、.xml、.dxf、.obj 等多种格式。

选择"文件 > 导出"命令，在弹出的子菜单中选择需要的文件格式，如图 2-19 所示。在弹出的对话框中单击"确定"按钮，弹出"保存文件"对话框，单击"保存"按钮，即可将文件以指定的格式导出。

图 2-19

第 3 章

Cinema 4D 建模技术实战

03

▶ 本章介绍

　　Cinema 4D 中的建模即在视图窗口中创建三维模型，三维建模是三维设计的第一步，Cinema 4D 中的所有效果都是以模型为基础进行展现的。本章分别对 Cinema 4D 的参数化对象建模、生成器建模、变形器建模、多边形建模、体积建模及雕刻建模等建模技术进行系统讲解。通过对本章的学习，读者可以对 Cinema 4D 的建模技术有一个全面的认识，并快速掌握常用模型的制作技术与技巧。

知识目标

- 掌握参数化对象建模。
- 掌握生成器建模。
- 掌握变形器建模。
- 掌握多边形建模。
- 掌握体积建模。
- 掌握雕刻建模。

慕课视频

Cinema 4D 建
模技术实战

能力目标

- 掌握参数化对象建模的方法和技巧。
- 掌握生成器建模的方法和技巧。
- 掌握变形器建模的方法和技巧。
- 掌握多边形建模的方法和技巧。
- 掌握体积建模的方法和技巧。
- 掌握雕刻建模的方法和技巧。

素质目标

- 培养锐意进取、精益求精的工匠精神。
- 培养一定的 Cinema 4D 建模技术设计创新能力和艺术审美能力。

3.1 参数化对象建模

在 Cinema 4D 中进行参数化对象建模时，可以随时调整场景和对象，使整个建模过程灵活可控。此外；Cinema 4D 提供了大量的参数化工具，以便用户建模。

3.1.1 课堂案例——制作场景模型

【案例学习目标】会使用参数化工具制作场景模型。

【案例知识要点】使用"公式"工具、"矩形"工具、"扫描"工具和"属性"窗口制作窗帘，使用"旋转"工具旋转对象，使用"对象"窗口控制对象的层次，使用"立方体"工具、"圆柱体"工具、"布尔"工具、"宝石体"工具、"管道"工具和"圆锥体"工具绘制装饰对象，使用"坐标"窗口控制对象的位置、尺寸及角度，使用"摄像机"工具控制视图窗口中的显示效果。最终效果如图 3-1 所示。

扫码观看本案例视频

图 3-1

【效果所在位置】云盘 \Ch03\ 制作场景模型 \ 工程文件 .c4d。

（1）启动 Cinema 4D。选择"渲染 > 编辑渲染设置"命令，弹出"渲染设置"窗口，如图 3-2 所示。在"输出"选项组中设置"宽度"为 1024 像素、"高度"为 1369 像素，如图 3-3 所示，关闭窗口。

图 3-2

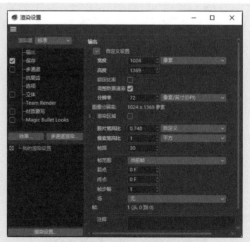

图 3-3

（2）选择"公式"工具 ，在"属性"窗口中设置"Tmin"为 25、"采样"为 200，如图 3-4 所示。视图窗口中的效果如图 3-5 所示。

（3）用鼠标右键单击"对象"窗口中的"公式"，在弹出的快捷菜单中选择"转为可编辑对象"命令，如图 3-6 所示。视图窗口中的效果如图 3-7 所示。

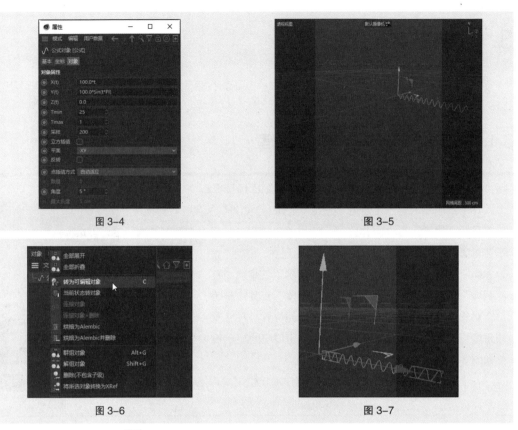

图 3-4

图 3-5

图 3-6

图 3-7

（4）选择"矩形"工具 ▢ ，在"对象"窗口中添加一个"矩形"对象，如图 3-8 所示。选择"扫描"工具 🖌 ，在"对象"窗口中添加一个"扫描"对象，如图 3-9 所示。

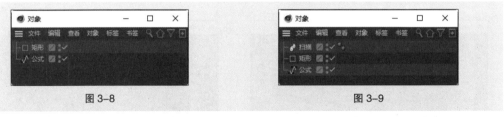

图 3-8

图 3-9

（5）在"对象"窗口中选中"矩形"对象，在"属性"窗口中设置"宽度"为 10cm、"高度"为 3200cm，如图 3-10 所示。视图窗口中的效果如图 3-11 所示。

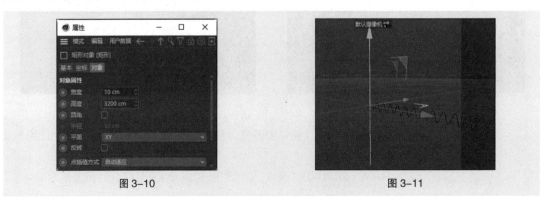

图 3-10

图 3-11

（6）在"对象"窗口中将"矩形"对象拖曳到"扫描"对象的下方，如图3-12所示。用相同的方法将"公式"对象拖曳到"扫描"对象的下方，如图3-13所示。

图3-12　　　　　　　　　　　　　　图3-13

（7）在"对象"窗口中双击"扫描"对象，使其名称处于可编辑状态，如图3-14所示。输入新的名称"窗帘"，按Enter键确认输入，如图3-15所示。

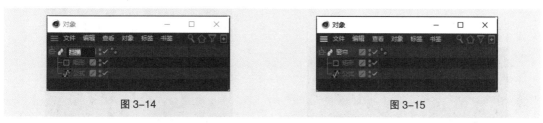

图3-14　　　　　　　　　　　　　　图3-15

（8）选择"旋转"工具，视图窗口中的效果如图3-16所示。将鼠标指针放置在红色弧线上并单击鼠标左键，在按住Shift键的同时拖曳鼠标，将其旋转90°，效果如图3-17所示。

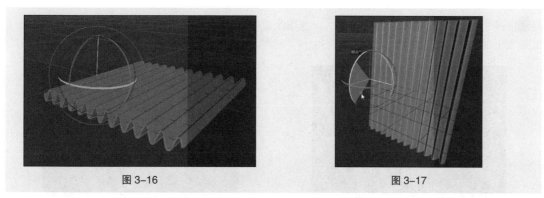

图3-16　　　　　　　　　　　　　　图3-17

（9）用鼠标右键单击"对象"窗口中的"窗帘"，在弹出的快捷菜单中选择"转为可编辑对象"命令，将其转为可编辑对象，如图3-18所示。在"坐标"窗口的"尺寸"选项组中设置"X"为3300cm、"Y"为210cm、"Z"为3200cm，如图3-19所示。

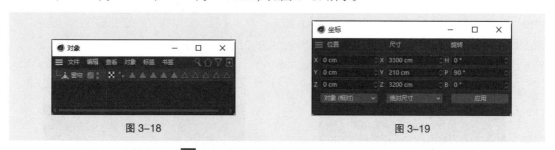

图3-18　　　　　　　　　　　　　　图3-19

（10）选择"立方体"工具，在"对象"窗口中添加一个"立方体"对象，如图3-20所示。将"立方体"对象转为可编辑对象，如图3-21所示。

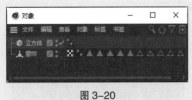

图 3-20　　　　　　　　　　　　　　　　　　　　图 3-21

（11）在"坐标"窗口的"位置"选项组中设置"X"为150cm、"Y"为0cm、"Z"为
−1060cm，在"尺寸"选项组中设置"X"为78cm、"Y"为3300cm、"Z"为2000cm，如图3-22
所示。视图窗口中的效果如图3-23所示。

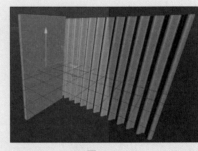

图 3-22　　　　　　　　　　　　　　　　　　　　图 3-23

（12）选择"圆柱体"工具 ▮ ，在"对象"窗口中添加一个"圆柱体"对象。选择"旋转"工
具 ↻ ，视图窗口中的效果如图3-24所示。将鼠标指针放置在蓝色弧线上并单击鼠标左键，在按住
Shift键的同时拖曳鼠标指针，将其旋转90°，效果如图3-25所示。

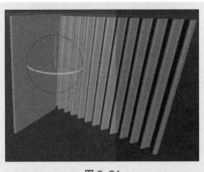

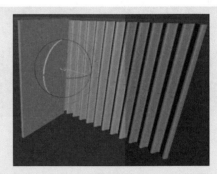

图 3-24　　　　　　　　　　　　　　　　　　　　图 3-25

（13）用鼠标右键单击"对象"窗口中的"圆柱体"，在弹出的快捷菜单中选择"转为可编辑
对象"命令，将其转为可编辑对象，如图3-26所示。在"坐标"窗口的"位置"选项组中设置"X"
为210cm、"Y"为−185cm、"Z"为−1170cm，在"尺寸"选项组中设置"X"为850cm、"Y"
为850cm、"Z"为850cm，如图3-27所示。

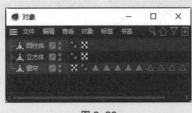

图 3-26　　　　　　　　　　　　　　　　　　　　图 3-27

（14）选择"布尔"工具 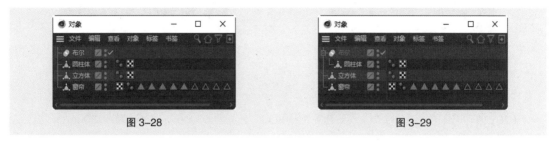，在"对象"窗口中添加一个"布尔"对象，如图3-28所示。将"圆柱体"对象拖到"布尔"对象的下方，如图3-29所示。

图 3-28　　　　　　　　　　　　　　图 3-29

（15）用相同的方法将"立方体"对象拖到"布尔"对象与"圆柱体"对象的中间，如图3-30所示。将"布尔"对象重命名为"墙体"，如图3-31所示。

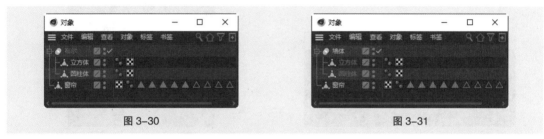

图 3-30　　　　　　　　　　　　　　图 3-31

（16）选择"立方体"工具，在"对象"窗口中添加一个"立方体"对象，如图3-32所示。将"立方体"对象转为可编辑对象，如图3-33所示。

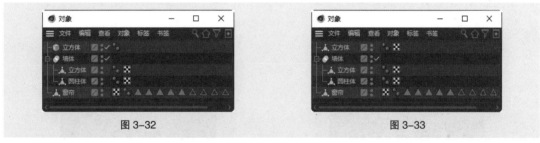

图 3-32　　　　　　　　　　　　　　图 3-33

（17）在"坐标"窗口的"位置"选项组中设置"X"为1800cm、"Y"为−920cm、"Z"为−1620cm，在"尺寸"选项组中设置"X"为3160cm、"Y"为130cm、"Z"为3000cm，如图3-34所示。在"对象"窗口中将"立方体"对象重命名为"地面"，如图3-35所示。

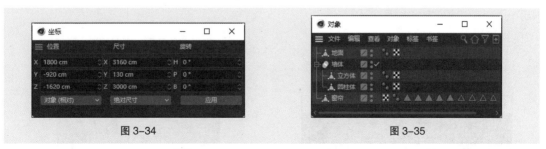

图 3-34　　　　　　　　　　　　　　图 3-35

（18）选择"立方体"工具，在"对象"窗口中添加一个"立方体"对象，如图3-36所示。将"立方体"对象转为可编辑对象，如图3-37所示。

图 3-36

图 3-37

（19）在"坐标"窗口的"位置"选项组中设置"X"为 830cm、"Y"为 –730cm、"Z"为 –820cm，在"尺寸"选项组中设置"X"为 1200cm、"Y"为 320cm、"Z"为 1100cm，如图 3-38 所示。视图窗口中的效果如图 3-39 所示。

图 3-38

图 3-39

（20）选择"立方体"工具 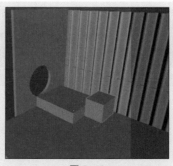，在"对象"窗口中添加一个"立方体 .1"对象，如图 3-40 所示。将"立方体 .1"对象转为可编辑对象，如图 3-41 所示。

图 3-40

图 3-41

（21）在"坐标"窗口的"位置"选项组中设置"X"为 1665cm、"Y"为 –620cm、"Z"为 –520cm，在"尺寸"选项组中设置"X"为 460cm、"Y"为 460cm、"Z"为 630cm，如图 3-42 所示。视图窗口中的效果如图 3-43 所示。

图 3-42

图 3-43

（22）选择"立方体"工具 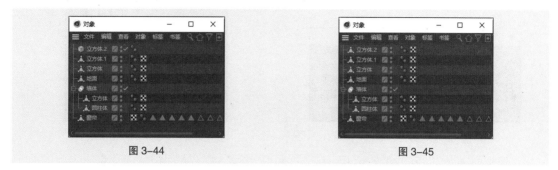，在"对象"窗口中添加一个"立方体.2"对象，如图 3-44 所示。将"立方体.2"对象转为可编辑对象，如图 3-45 所示。

图 3-44

图 3-45

（23）在"坐标"窗口的"位置"选项组中设置"X"为 2070cm、"Y"为 -800cm、"Z"为 -1260cm，在"尺寸"选项组中设置"X"为 1270cm、"Y"为 120cm、"Z"为 800cm，如图 3-46 所示。视图窗口中的效果如图 3-47 所示。

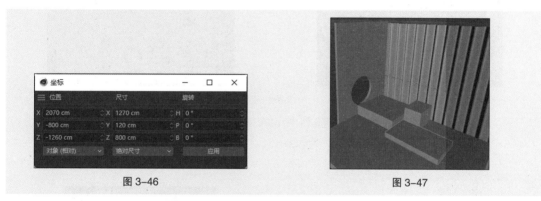

图 3-46

图 3-47

（24）选择"管道"工具 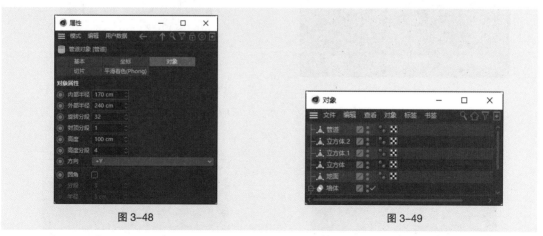，在"对象"窗口中添加一个"管道"对象，在"属性"窗口中设置"旋转分段"为 32、"外部半径"为 240cm、"内部半径"为 170cm，如图 3-48 所示。在"对象"窗口中将"管道"对象转为可编辑对象，如图 3-49 所示。

图 3-48

图 3-49

（25）在"坐标"窗口的"位置"选项组中设置"X"为 1830cm、"Y"为 -680cm、"Z"为 -1500cm，在"尺寸"选项组中设置"X"为 500cm、"Y"为 100cm、"Z"为 500cm，如图 3-50 所示。视图窗口中的效果如图 3-51 所示。

图 3-50

图 3-51

（26）选择"圆锥体"工具 ，在"对象"窗口中添加一个"圆锥体"对象，如图 3-52 所示。将"圆锥体"对象转为可编辑对象，如图 3-53 所示。

图 3-52   图 3-53

（27）在"坐标"窗口的"位置"选项组中设置"X"为 530cm、"Y"为 -265cm、"Z"为 -680cm，在"尺寸"选项组中设置"X"为 400cm、"Y"为 600cm、"Z"为 400cm，如图 3-54 所示。视图窗口中的效果如图 3-55 所示。

图 3-54

图 3-55

（28）选择"宝石体"工具 ，在"对象"窗口中添加一个"宝石体"对象，如图 3-56 所示。将"宝石体"对象转为可编辑对象，如图 3-57 所示。

图 3-56   图 3-57

（29）在"坐标"窗口的"位置"选项组中设置"X"为 410cm、"Y"为 50cm、"Z"为 -1200cm，在"尺寸"选项组中设置"X"为 170cm、"Y"为 170cm、"Z"为 170cm，如图 3-58 所示。视图窗口中的效果如图 3-59 所示。

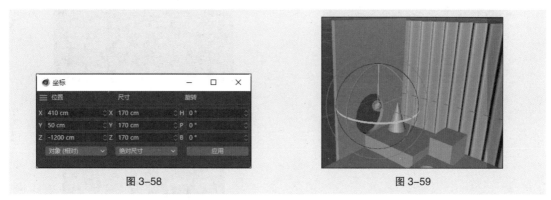

图 3-58　　　　　　　　　　　　　　　　　　　图 3-59

（30）选择"宝石体"工具 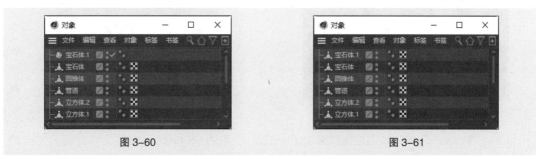，在"对象"窗口中添加一个"宝石体.1"对象，如图 3-60 所示。将"宝石体.1"对象转为可编辑对象，如图 3-61 所示。

图 3-60　　　　　　　　　　　　　　　　　　　图 3-61

（31）在"坐标"窗口的"位置"选项组中设置"X"为 2000cm、"Y"为 730cm、"Z"为 -450cm，在"尺寸"选项组中设置"X"为 170cm、"Y"为 170cm、"Z"为 170cm，如图 3-62 所示。视图窗口中的效果如图 3-63 所示。

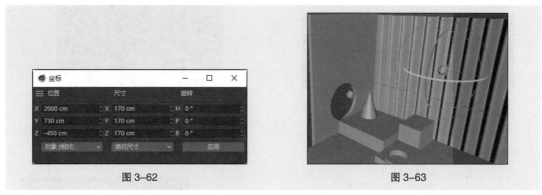

图 3-62　　　　　　　　　　　　　　　　　　　图 3-63

（32）在"对象"窗口中框选需要的对象，如图 3-64 所示。按 Alt+G 组合键将选中的对象编组，并将组名修改为"装饰物"，如图 3-65 所示。

（33）选择"摄像机"工具 ，在"对象"窗口中添加一个"摄像机"对象，如图 3-66 所示。在"属性"窗口中设置"焦距"为 135 毫米，如图 3-67 所示。

图 3-64

图 3-65

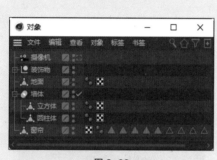

图 3-66

图 3-67

（34）在"坐标"窗口的"位置"选项组中设置"X"为 5536cm、"Y"为 807cm、"Z"为 -7370cm，在"旋转"选项组中设置"H"为 34°、"P"为 -6°、"B"为 0°，如图 3-68 所示。在"对象"窗口中单击"摄像机"对象右侧的 ■ 按钮，如图 3-69 所示，进入摄像机视图。

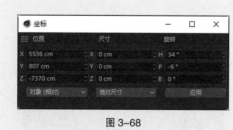

图 3-68

图 3-69

（35）在"对象"窗口中框选需要的对象，如图 3-70 所示。按 Alt+G 组合键将选中的对象编组，并将组命名修改为"场景"，如图 3-71 所示。场景模型制作完成，效果如图 3-72 所示。

图 3-70

图 3-71

图 3-72

3.1.2 参数化对象

参数化对象是 Cinema 4D 中默认的基本几何体模型，可以直接创建，在"属性"窗口中可以调整其属性。

长按工具栏中的"立方体"按钮 ，弹出参数化对象列表，如图 3-73 所示。或选择"创建 > 参数对象"命令，也可以弹出参数化对象列表，如图 3-74 所示。在参数化对象列表中单击需要创建的几何体模型的图标，即可在视图窗口中创建对应的几何体模型。

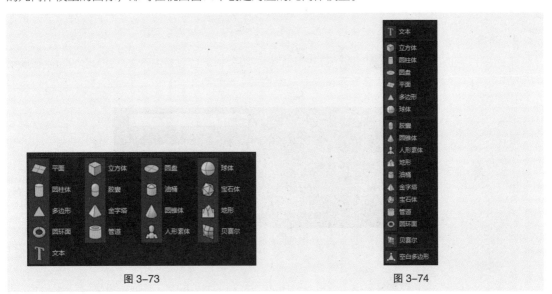

图 3-73   图 3-74

1. 立方体

立方体由"立方体"工具 立方体 创建，它是常用的几何体之一，它可以用作多边形建模中的基础物体。在场景中创建立方体后，"属性"窗口中会显示该立方体对象的属性，如图 3-75 所示。

2. 圆柱体

圆柱体由"圆柱体"工具 圆柱体 创建，它同样是常用的几何体之一。在场景中创建圆柱体后，"属性"窗口中会显示该圆柱体对象的属性，如图 3-76 所示，其常用的属性位于"对象""封顶""切片" 3 个选项卡内。

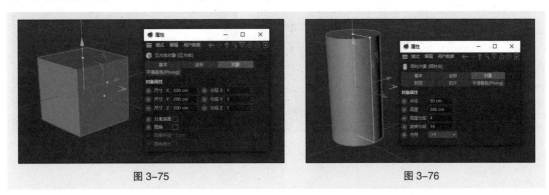

图 3-75   图 3-76

3. 圆盘

圆盘由"圆盘"工具 圆盘 创建，通常被用于建立地面或反光板。在场景中创建圆盘后，"属性"窗口中会显示该圆盘对象的属性，如图 3-77 所示。

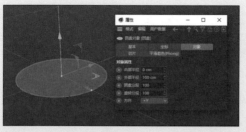

图 3-77

4. 平面

平面由"平面"工具 创建，其使用范围非常广泛，通常被用于建立地面和墙面。在场景中创建平面后，"属性"窗口中会显示该平面对象的属性，如图 3-78 所示。

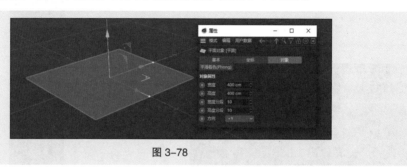

图 3-78

5. 球体

球体由"球体"工具 创建，它也是常用的几何体之一。在场景中创建球体后，"属性"窗口中会显示该球体对象的属性，如图 3-79 所示。可以在"类型"下拉列表中选择需要的球体类型，这样既可以选择创建完整球体，也可以创建半球体或球体的某个部分。

6. 胶囊

胶囊对象看起来像一个顶面和底面为半球体的圆柱。使用"胶囊"工具 在场景中创建胶囊后，"属性"窗口中会显示该胶囊对象的属性，如图 3-80 所示。

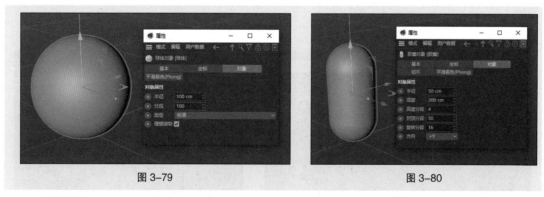

图 3-79   图 3-80

7. 圆锥体

使用"圆锥体"工具 在场景中创建圆锥体后，"属性"窗口中会显示该圆锥体对象的属性，如图 3-81 所示，其常用的属性与圆柱体基本相同。另外，在视图窗口中拖曳参数化对象上的控制点可以改变参数化对象的参数。

8. 宝石体

使用"宝石体"工具 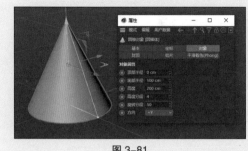 可以创建出多种类型的宝石体对象。在场景中创建宝石体后,"属性"窗口中会显示该宝石体对象的属性,如图3-82所示。调节"半径"选项,可以改变宝石体对象的大小。

图 3-81

图 3-82

9. 管道

管道的外观与圆柱体类似,二者的区别在于管道是空心的,具有内部半径和外部半径。使用"管道"工具 在场景中创建管道后,"属性"窗口中会显示该管道对象的属性,如图3-83所示,其常用的属性位于"对象"和"切片"两个选项卡内。

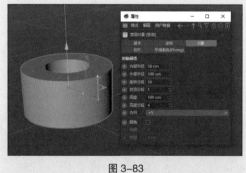

图 3-83

3.1.3 样条

样条是 Cinema 4D 中默认的二维图形,可以通过"样条画笔"工具绘制样条,也可以通过样条列表直接创建样条。绘制出的样条结合其他命令可以生成三维模型,这是一种基础的建模方法。

长按工具栏中的"样条画笔"按钮 ,弹出样条列表,如图3-84所示。或选择"创建 > 样条"命令,也可以弹出样条列表,如图3-85所示。在样条列表中单击需要创建的样条的图标,即可在视图窗口中绘制或创建对应的样条。

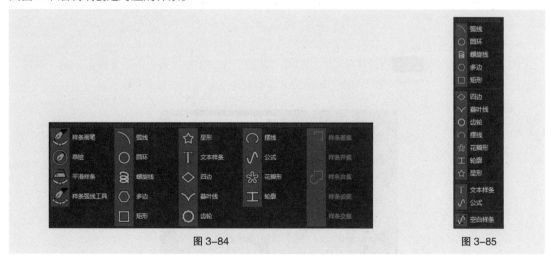

图 3-84   图 3-85

1. 样条画笔

"样条画笔"工具 是 Cinema 4D 中常用来绘制曲线的工具之一,它分为5种类型,即"线性""立方""Akima""B- 样条""贝塞尔",如图 3-86 所示。

系统默认的曲线类型为"贝塞尔"。在场景中绘制一条曲线后,"属性"窗口中会显示该曲线对象的属性,如图 3-87 所示。

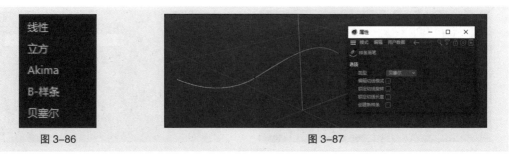

图 3-86   图 3-87

2. 圆环

圆环样条由"圆环"工具 ○ 圆环 创建,是常用的样条之一。在场景中创建圆环样条后,"属性"窗口中会显示该圆环样条对象的属性,如图 3-88 所示。

3. 矩形

使用"矩形"工具 □ 矩形 可以创建出多种尺寸的矩形样条。在场景中创建矩形后,"属性"窗口中会显示该矩形样条对象的属性,如图 3-89 所示,调节"宽度""高度"等选项,可以改变矩形样条的尺寸。

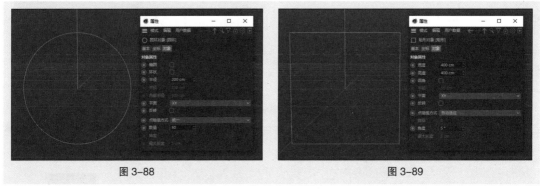

图 3-88   图 3-89

4. 公式

使用"公式"工具 √ 公式 创建样条后,可以在"属性"窗口中输入公式以改变样条形状。在场景中创建公式样条后,"属性"窗口中会显示该公式样条对象的属性,如图 3-90 所示。

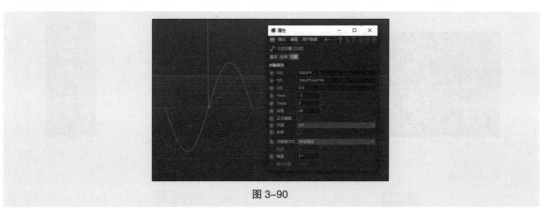

图 3-90

Cinema 4D 中的"生成器"由"细分曲面"和"挤压"两部分组成，这两部分的工具都是绿色图标，并且都位于父级。

长按工具栏中的"细分曲面"按钮，弹出生成器列表，如图 3-91 所示，此列表中的工具用于对参数化对象进行形态上的调整。长按工具栏中的"挤压"按钮，弹出生成器列表，如图 3-92 所示，此列表中的工具用于对样条对象进行形态上的调整。

图 3-91

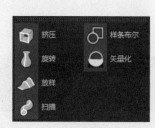

图 3-92

3.2.1　课堂案例——制作标题模型

【案例学习目标】学会使用生成器制作标题模型。

【案例知识要点】使用"文本"工具和"属性"窗口输入文字并设置文字属性，使用"样条画笔"工具和"挤压"工具制作文字的立体效果，使用"内部挤压"命令和"挤压"工具制作文字的凸凹效果；使用"螺旋线"工具制作装饰图形。最终效果如图 3-93 所示。

【效果所在位置】云盘 \Ch03\ 制作标题模型 \ 工程文件 . c4d。

扫码观看
本案例视频

图 3-93

（1）启动 Cinema 4D。选择"渲染 > 编辑渲染设置"命令，弹出"渲染设置"窗口，如图 3-94 所示。在"输出"选项组中设置"宽度"为 750 像素、"高度"为 750 像素，如图 3-95 所示，关闭对话框。

（2）选择"文本"工具，在"对象"窗口中添加一个"文本"对象，如图 3-96 所示。在"对象"窗口中将"文本"对象重命名为"主标题"，如图 3-97 所示。

（3）在"属性"窗口的"文本样条"文本框中输入"超级折扣日"，在"字体"下拉列表中选择"方正粗谭黑简体"，在"对齐"下拉列表中选择"中对齐"，将"垂直间隔"设置为 -70cm，如图 3-98 所示。视图窗口中的效果如图 3-99 所示。

图 3-94　　　　　　　　　　　　　　　图 3-95

图 3-96　　　　　　　　　　　　　　　图 3-97

图 3-98　　　　　　　　　　　　　　　图 3-99

（4）选择"启用捕捉"工具组中的"启用量化"工具，激活量化选项。在透视视图窗口中单击鼠标中键，切换为四视图显示模式，如图 3-100 所示。

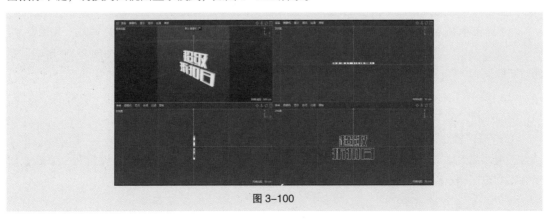

图 3-100

（5）在正视图中单击鼠标中键，以选择正视图，如图3-101所示。

图 3-101

（6）选择"样条画笔"工具 ，沿着文字的边缘进行勾勒，效果如图3-102所示。选择"启用捕捉"工具组中的"启用量化"工具 ，关闭量化选项。

（7）切换至透视视图。在"对象"窗口中单击"样条"对象，将其选中。在按住 Alt 键的同时单击"挤压"工具 ，为"样条"对象添加挤压效果，如图3-103所示。

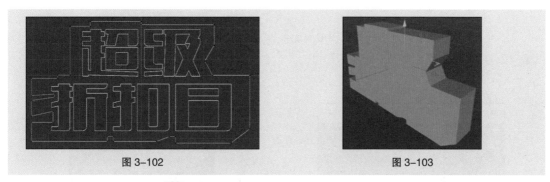

图 3-102   图 3-103

（8）单击"模型"按钮 ，切换为模型模式。在"属性"窗口中设置"偏移"为30cm，如图3-104所示。在"坐标"窗口的"位置"选项组中设置"X"为0cm、"Y"为0cm、"Z"为60cm，如图3-105所示。

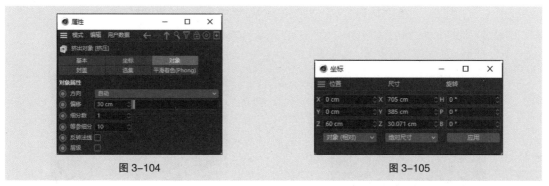

图 3-104   图 3-105

（9）用鼠标右键单击"对象"窗口中的"主标题"对象，在弹出的快捷菜单中选择"转为可编辑对象"命令，将"主标题"对象转为可编辑对象，如图3-106所示。单击"主标题"对象左侧的 按钮，展开该对象组，如图3-107所示。

图 3-106

图 3-107

（10）选中"1"对象，并单击鼠标右键，在弹出的快捷菜单中选择"选择子级"命令（或按鼠标中键），选中其子级。用鼠标右键单击"1"对象，在弹出的快捷菜单中选择"连接对象＋删除"命令，将其与选中的对象连接，如图 3-108 所示。用相同的方法对"2"对象进行操作，效果如图 3-109 所示。

图 3-108

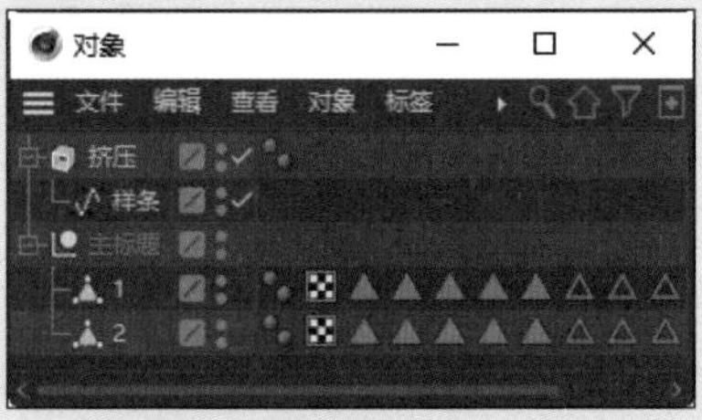

图 3-109

（11）双击"1"对象右侧的"多边形选集标签 [C1]"按钮▲，如图 3-110 所示。视图窗口中的效果如图 3-111 所示。

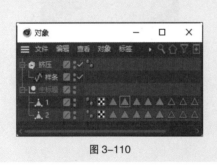
图 3-110

图 3-111

（12）在视图窗口中单击鼠标右键，在弹出的快捷菜单中选择"内部挤压"命令，在"属性"窗口中设置"偏移"为 2cm，如图 3-112 所示。视图窗口中的效果如图 3-113 所示。

图 3-112

图 3-113

（13）在视图窗口中单击鼠标右键，在弹出的快捷菜单中选择"挤压"命令，在"属性"窗口中设置"偏移"为3cm，如图3-114所示。视图窗口中的效果如图3-115所示。

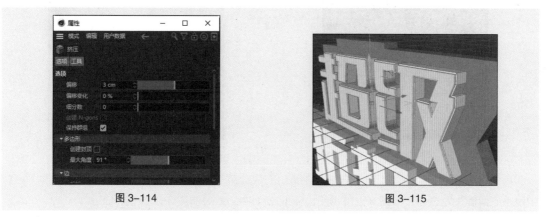

图 3-114　　　　　　　　　　　　　　　　图 3-115

（14）在视图窗口中单击鼠标右键，在弹出的快捷菜单中选择"内部挤压"命令，在"属性"窗口中设置"偏移"为2cm。视图窗口中的效果如图3-116所示。在视图窗口中单击鼠标右键，在弹出的快捷菜单中选择"挤压"命令，在"属性"窗口中设置"偏移"为3cm。视图窗口中的效果如图3-117所示。

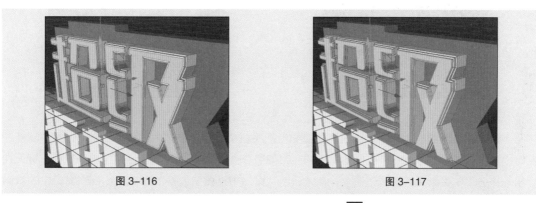

图 3-116　　　　　　　　　　　　　　　　图 3-117

（15）双击"2"对象右侧的"多边形选集标签 [C1]"按钮▲，如图3-118所示。视图窗口中的效果如图3-119所示。

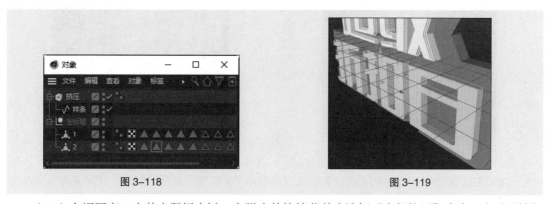

图 3-118　　　　　　　　　　　　　　　　图 3-119

（16）在视图窗口中单击鼠标右键，在弹出的快捷菜单中选择"内部挤压"命令，在"属性"窗口中设置"偏移"为1.5cm，如图3-120所示。视图窗口中的效果如图3-121所示。

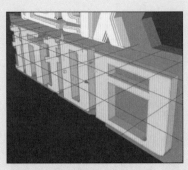

图 3-120   图 3-121

（17）在视图窗口中单击鼠标右键，在弹出的快捷菜单中选择"挤压"命令，在"属性"窗口中设置"偏移"为 3cm，如图 3-122 所示。视图窗口中的效果如图 3-123 所示。

图 3-122   图 3-123

（18）在视图窗口中单击鼠标右键，在弹出的快捷菜单中选择"内部挤压"命令，在"属性"窗口中设置"偏移"为 1cm。视图窗口中的效果如图 3-124 所示。在视图窗口中单击鼠标右键，在弹出的快捷菜单中选择"挤压"命令，在"属性"窗口中设置"偏移"为 3cm。视图窗口中的效果如图 3-125 所示。

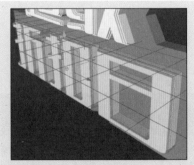

图 3-124   图 3-125

（19）在"对象"窗口中将"挤压"对象重命名为"主标题边框"，如图 3-126 所示。用鼠标中键选中"主标题边框"对象的子级，并单击鼠标右键，在弹出的快捷菜单中选择"转为可编辑对象"命令，将其转为可编辑对象，如图 3-127 所示。

图 3-126

图 3-127

（20）双击"主标题边框"对象右侧的"多边形选集标签 [C2]"按钮（或在视图窗口中单击选择），如图 3-128 所示。视图窗口中的效果如图 3-129 所示。

图 3-128

图 3-129

（21）在视图窗口中单击鼠标右键，在弹出的快捷菜单中选择"内部挤压"命令，在"属性"窗口中设置"偏移"为 3cm，如图 3-130 所示。视图窗口中的效果如图 3-131 所示。

图 3-130

图 3-131

（22）在视图窗口中单击鼠标右键，在弹出的快捷菜单中选择"挤压"命令，在"属性"窗口中设置"偏移"为 -3cm，如图 3-132 所示。视图窗口中的效果如图 3-133 所示。

图 3-132

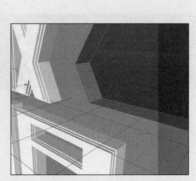

图 3-133

（23）在视图窗口中单击鼠标右键，在弹出的快捷菜单中选择"内部挤压"命令，在"属性"窗口中设置"偏移"为3cm。视图窗口中的效果如图3-134所示。在视图窗口中单击鼠标右键，在弹出的快捷菜单中选择"挤压"命令，在"属性"窗口中设置"偏移"为3cm。视图窗口中的效果如图3-135所示。

图 3-134

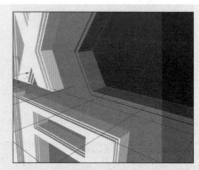

图 3-135

（24）在视图窗口中单击鼠标右键，在弹出的快捷菜单中选择"内部挤压"命令，在"属性"窗口中设置"偏移"为3cm。视图窗口中的效果如图3-136所示。在视图窗口中单击鼠标右键，在弹出的快捷菜单中选择"挤压"命令，在"属性"窗口中设置"偏移"为-3cm。视图窗口中的效果如图3-137所示。

图 3-136

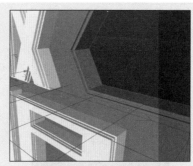

图 3-137

（25）选择"文本"工具T，在"对象"窗口中添加一个"文本"对象，如图3-138所示。在"对象"窗口中将"文本"对象重命名为"副标题"，如图3-139所示。

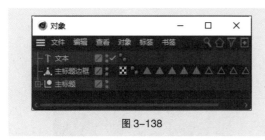

图 3-138

图 3-139

（26）在"属性"窗口的"文本样条"文本框中输入"福利狂欢5折购"，在"字体"下拉列表中选择"方正粗谭黑简体"，在"对齐"下拉列表中选择"中对齐"，如图3-140所示。视图窗口中的效果如图3-141所示。

图 3-140　　　　　　　　　　　　　　　　图 3-141

（27）单击"模型"按钮 ，切换为模型模式。选择"缩放"工具，在按住 Shift 键的同时拖曳鼠标，指针移动到适当的位置，缩小文字，效果如图 3-142 所示。单击"对象"窗口中的"副标题"对象，将其选中。在"坐标"窗口的"位置"选项组中设置"X"为 0cm、"Y"为 -275cm、"Z"为 5cm。视图窗口中的效果如图 3-143 所示。

图 3-142　　　　　　　　　　　　　　　　图 3-143

（28）选择"矩形"工具，在"对象"窗口中添加一个"矩形"对象，如图 3-144 所示。在"属性"窗口中设置"宽度"为 320cm、"高度"为 60cm，勾选"圆角"复选框，设置"半径"为 30cm，如图 3-145 所示。

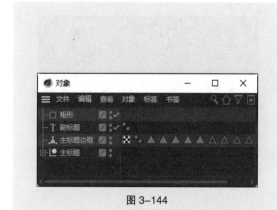

图 3-144　　　　　　　　　　　　　　　　图 3-145

（29）用鼠标右键单击"对象"窗口中的"矩形"对象，在弹出的快捷菜单中选择"转为可编辑对象"命令，将其转为可编辑对象，如图3-146所示。

（30）在"对象"窗口中单击"矩形"对象，将其选中。在按住Alt键的同时单击"挤压"工具，为"矩形"对象添加挤压效果，如图3-147所示。

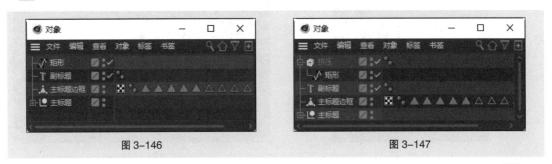

图3-146　　　　　　　　　　　　　　　　　　图3-147

（31）在"属性"窗口中设置"偏移"为20cm，如图3-148所示。单击"模型"按钮，切换为模型模式。在"对象"窗口中单击"挤压"对象，在"坐标"窗口的"位置"选项组中设置"X"为0cm、"Y"为−260cm、"Z"为7cm，如图3-149所示。

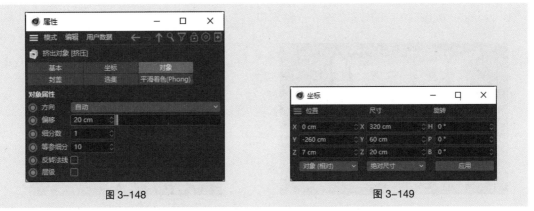

图3-148　　　　　　　　　　　　　　　　　　图3-149

（32）用鼠标中键单击"对象"窗口中的"挤压"对象，将该对象及其子级选中，如图3-150所示，单击鼠标右键，在弹出的快捷菜单中选择"连接对象＋删除"命令，将选中的两个对象连接，如图3-151所示。

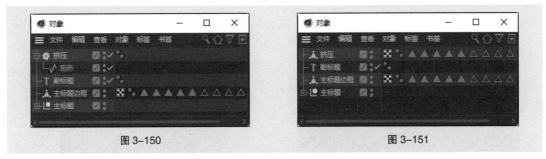

图3-150　　　　　　　　　　　　　　　　　　图3-151

（33）单击"多边形"按钮，切换为多边形模式。在视图窗口中选中需要的面，如图3-152所示。在视图窗口中单击鼠标右键，在弹出的快捷菜单中选择"内部挤压"命令，在"属性"窗口中设置"偏移"为3cm，如图3-153所示。

图 3-152

图 3-153

（34）在视图窗口中单击鼠标右键，在弹出的快捷菜单中选择"挤压"命令，在"属性"窗口中设置"偏移"为 −3cm，如图 3-154 所示。视图窗口中的效果如图 3-155 所示。

图 3-154

图 3-155

（35）选择"文件 > 打开项目"命令，在弹出的"打开文件"对话框中选中云盘中的"Ch03\ 制作标题模型 \ 素材 \1.c4d"文件，单击"打开"按钮打开文件，效果如图 3-156 所示。

（36）按 Ctrl+A 组合键，将上一步打开的文件中的对象全部选中。按 Ctrl+C 组合键，将所有对象复制。选择"窗口 > 未标题 1.c4d"命令，返回到原工程。按 Ctrl+V 组合键，将复制的对象粘贴，效果如图 3-157 所示。

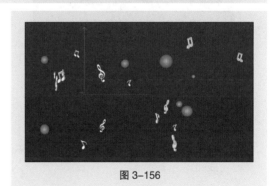

图 3-156

（37）单击"模型"按钮 🟦，切换为模型模式。在"对象"窗口中单击"挤压"对象，在"坐标"窗口的位置"选项组中设置"X"为 −10cm、"Y"为 −30cm、"Z"为 −5cm，如图 3-158 所示。

图 3-157

图 3-158

（38）选择"螺旋线"工具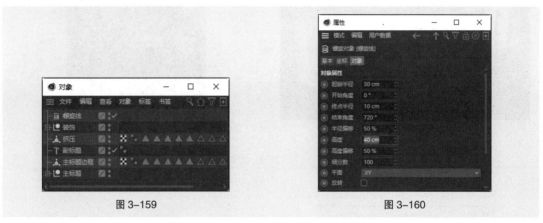，在"对象"窗口中添加一个"螺旋线"对象，如图 3-159 所示。在"属性"窗口中设置"起始半径"为 30cm、"终点半径"为 10cm、"高度"为 40cm，如图 3-160 所示。

图 3-159 　　　　　　　　　　　　　　　　图 3-160

（39）选择"圆环"工具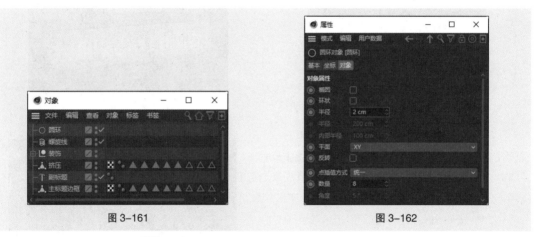，在"对象"窗口中添加一个"圆环"对象，如图 3-161 所示。在"属性"窗口中设置"半径"为 2cm，如图 3-162 所示。

图 3-161 　　　　　　　　　　　　　　　　图 3-162

（40）选择"扫描"工具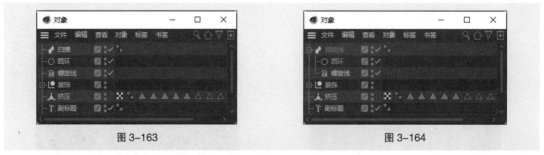，在"对象"窗口中添加一个"扫描"对象，如图 3-163 所示。在"对象"窗口中，将"圆环"对象和"螺旋线"对象拖曳"扫描"对象的下方，并将"扫描"对象重命名为"螺旋线"，如图 3-164 所示。

图 3-163 　　　　　　　　　　　　　　　　图 3-164

（41）折叠"螺旋线"对象组，并将其拖曳到"装饰"对象组中，如图 3-165 所示。在按住 Ctrl 键的同时垂直向上拖曳"螺旋线"对象组，以复制该对象组。使用相同的方法再复制出 4 个对象组，如图 3-166 所示。

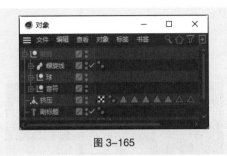

图 3-165

图 3-166

（42）在"对象"窗口中框选需要的对象组，如图 3-167 所示。按 Alt+G 组合键，将选中的对象组编组，并将组名修改为"螺旋线"，如图 3-168 所示。

图 3-167

图 3-168

（43）展开"螺旋线"对象组，选中"螺旋线 .5"对象组，如图 3-169 所示。在"坐标"窗口的"位置"选项组中设置"X"为 -178cm、"Y"为 -150cm、"Z"为 -170cm，在"旋转"选项组中设置"H"为 -52°，"P"为 52°，"B"为 40°，如图 3-170 所示。

图 3-169

图 3-170

（44）选中"螺旋线"对象组中的"螺旋线 .4"对象组，在"坐标"窗口的"位置"选项组中设置"X"为 -240cm、"Y"为 30cm、"Z"为 5cm，在"旋转"选项组中设置"H"为 95°、"P"为 73°、"B"为 -80°，如图 3-171 所示。视图窗口中的效果如图 3-172 所示。

图 3-171

图 3-172

（45）选中"螺旋线"对象组中的"螺旋线.3"对象组，在"坐标"窗口的"位置"选项组中设置"X"为 -300cm、"Y"为 220cm、"Z"为 23cm，在"旋转"选项组中设置"H"为 130°、"P"为 60°、"B"为 -85°，如图 3-173 所示。视图窗口中的效果如图 3-174 所示。

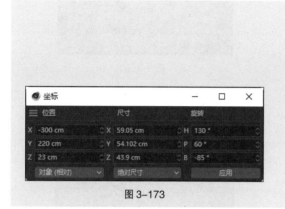

图 3-173

图 3-174

（46）选中"螺旋线"对象组中的"螺旋线.2"对象组，在"坐标"窗口的"位置"选项组中设置"X"为 270cm、"Y"为 160cm、"Z"为 -87cm，在"旋转"选项组中设置"H"为 75°、"P"为 -40°、"B"为 55°，如图 3-175 所示。视图窗口中的效果如图 3-176 所示。

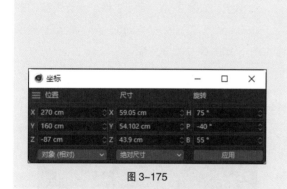

图 3-175

图 3-176

（47）选中"螺旋线"对象组中的"螺旋线.1"对象组，在"坐标"窗口的"位置"选项组中设置"X"为 100cm、"Y"为 250cm、"Z"为 -10cm，在"旋转"选项组中设置"H"为 60°、"P"为 50°、"B"为 -10°，如图 3-177 所示。视图窗口中的效果如图 3-178 所示。

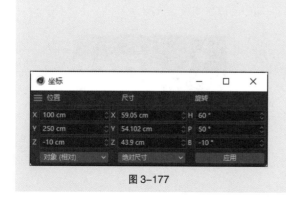

图 3-177

图 3-178

（48）选中"螺旋线"对象组中的"螺旋线"对象组，在"坐标"窗口的"位置"选项组中设置"X"为340cm、"Y"为0cm、"Z"为5cm，在"旋转"选项组中设置"H"为50°、"P"为50°、"B"为−25°，如图3-179所示。视图窗口中的效果如图3-180所示。

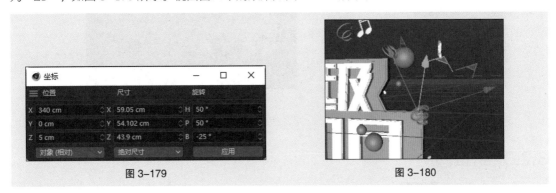

图 3-179 图 3-180

（49）在"对象"窗口中将"挤压"对象重命名为"副标题边框"，如图3-181所示。框选所有对象及对象组，按 Alt+G 组合键，将选中的对象及对象组编组，并将组名修改为"标题"，如图3-182所示。

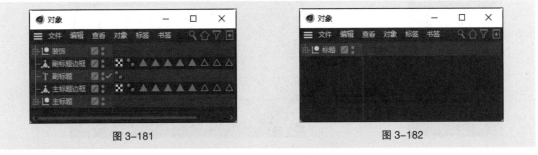

图 3-181 图 3-182

（50）标题模型制作完成，效果如图3-183所示。

图 3-183

3.2.2　细分曲面

"细分曲面"生成器 ![细分曲面] 是常用的三维设计工具之一，通过为对象的点、线、面增加权重，以及对对象表面进行细分，能够将对象锐利的边缘变得圆滑，如图3-184所示。在"对象"窗口中，需要把要修改的对象作为"细分曲面"生成器的子级，这样该对象的表面才会被细分。

（a）

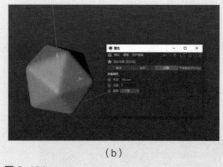
（b）

图 3-184

3.2.3 挤压

"挤压"生成器  可以将绘制的样条转换为三维模型，使样条具有厚度，如图 3-185 所示。"属性"窗口中会显示挤压对象的属性，其常用的属性位于"对象""封盖""选集"3 个选项卡内。在"对象"窗口中，需要把要挤压的对象作为"挤压"生成器的子级，这样该对象才会被挤压。

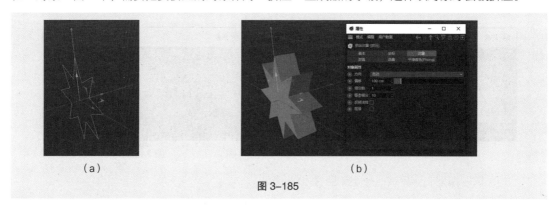

（a）　　　　　　　　　　　　　　（b）

图 3-185

3.2.4 旋转

"旋转"生成器  可以将绘制的样条绕 y 轴旋转任意角度，从而变成三维模型，如图 3-186 所示。"属性"窗口中会显示旋转对象的属性，其常用的属性位于"对象""封盖""选集"3 个选项卡内。在"对象"窗口中，需要把要旋转的样条作为"旋转"生成器的子级，这样该样条才会绕 y 轴旋转，从而生成三维模型。

（a）

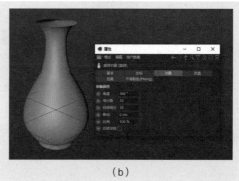
（b）

图 3-186

3.2.5 扫描

"扫描"生成器 <kbd>扫描</kbd> 可以使一个样条按照另一个样条的路径进行扫描,从而生成三维模型,如图 3-187 所示。"属性"窗口中会显示扫描对象的属性,其常用的属性位于"对象""封盖""选集"3 个选项卡内。在"对象"窗口中,需要把要扫描的样条作为"扫描"生成器的子级,这样该样条才会被扫描。

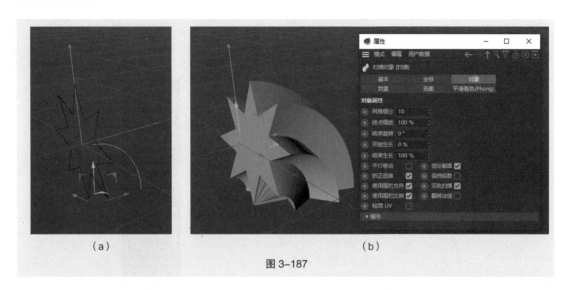

图 3-187

3.2.6 样条布尔

"样条布尔"生成器 <kbd>样条布尔</kbd> 的使用方法与"布尔"工具一样,它是对多个样条进行布尔运算的工具,如图 3-188 所示。在"对象"窗口中,需要把样条作为"样条布尔"生成器的子级,这样才可以在多个样条间进行布尔运算。

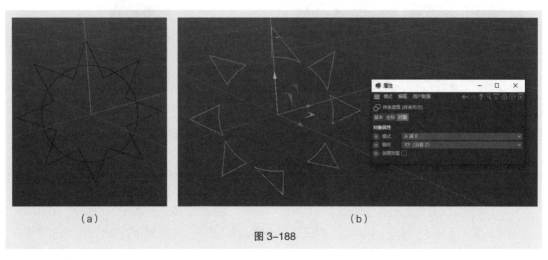

图 3-188

3.3 变形器建模

Cinema 4D 中的变形器通常作为其他对象的子级或与其平级。该工具可用于对三维对象进行扭曲、倾斜及旋转等变形操作，具有出错少、速度快的特点。

长按工具栏中的"弯曲"按钮，弹出变形器列表，如图 3-189 所示。选择"创建 > 变形器"命令，也可以弹出变形器列表，如图 3-190 所示。在变形器列表中单击需要的变形器的图标，即可创建对应的变形器。

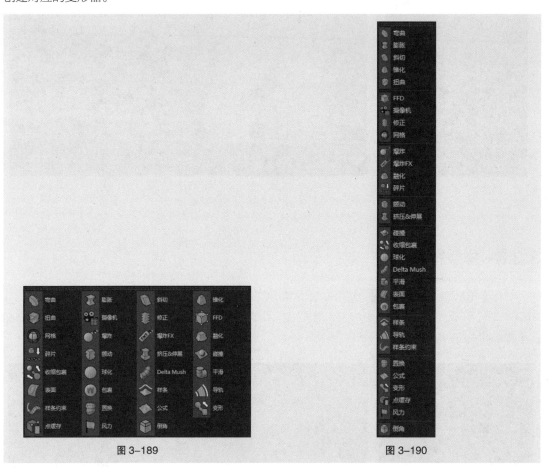

图 3-189

图 3-190

3.3.1 课堂案例——制作装饰模型

【案例学习目标】使用变形器制作装饰模型。

【案例知识要点】使用"螺旋线"工具、"星形"工具、"弧线"工具、"圆环"工具、"样条画笔"工具、"球体"工具、"扫描"工具和"样条约束"工具制作装饰线条，使用"细分曲面"工具和"挤压"工具调整装饰图形，使用"圆环面"工具、"立方体"工具、"金字塔"工具、"宝石体"工具和"克隆"命令制作装饰图形。最终效果如图 3-191 所示。

扫码观看
本案例视频

图 3-191

【效果所在位置】云盘 \Ch03\ 制作装饰模型 \ 工程文件 . c4d。

（1）启动 Cinema 4D。选择"渲染 > 编辑渲染设置"命令，弹出"渲染设置"窗口，如图 3-192 所示。在"输出"选项组中设置"宽度"为 1920 像素、"高度"为 1080 像素，如图 3-193 所示，关闭窗口。

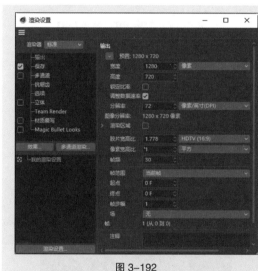

图 3-192

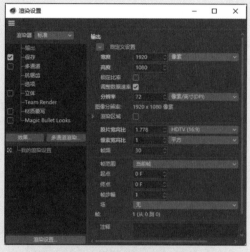

图 3-193

（2）选择"文件 > 合并项目"命令，在弹出的"打开文件"对话框中选中云盘中的"Ch03\ 制作装饰模型 \ 素材 \01.c4d"文件，如图 3-194 所示，单击"打开"按钮，将选中的文件导入 Cinema 4D。

（3）选择"螺旋线"工具 ，在"对象"窗口中添加一个"螺旋线"对象。在"属性"窗口的"对象"选项卡中，设置"起始半径"为 85cm、"开始角度"为 50°、"终点半径"为 100cm、"结束角度"为 500°、"半径偏移"为 50%、"高度"为 300cm、"高度偏移"为 50%、"平面"为 XZ，如图 3-195 所示。视图窗口中的效果如图 3-196 所示。

（4）选择"星形"工具☆，在"对象"窗口中添加一个"星形"对象，如图 3-197 所示。在"属性"窗口的"对象"选项卡中，设置"内部半径"为 16cm、"外部半径"为 20cm、"点"为 12，如图 3-198 所示。

（5）选择"扫描"工具，在"对象"窗口中添加一个"扫描"对象，如图 3-199 所示。将"星形"对象和"螺旋线"对象拖曳到"扫描"对象的下方，并将"扫描"对象重命名为"螺旋弧"，如图 3-200 所示。

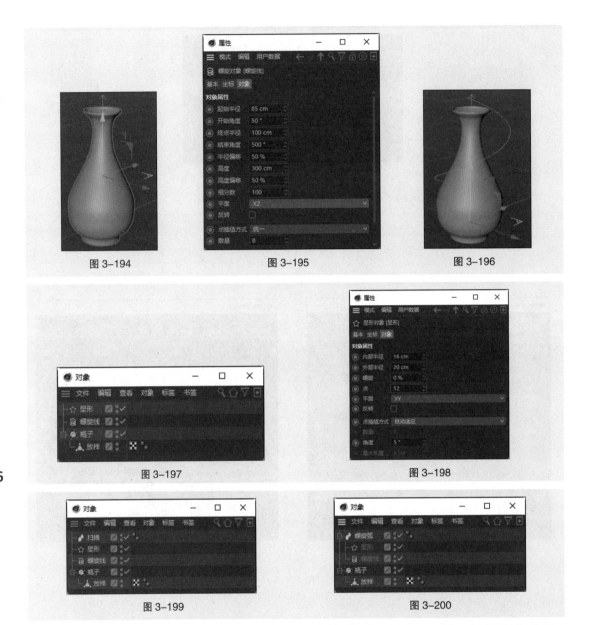

图 3-194　　　　　　　图 3-195　　　　　　　图 3-196

图 3-197　　　　　　　　　　图 3-198

图 3-199　　　　　　　　　　图 3-200

（6）在"属性"窗口的"对象"选项卡的"细节"选项组中，按住 Ctrl 键，在"缩放"选项中添加节点并拖曳节点到适当的位置，如图 3-201 所示。视图窗口中的效果如图 3-202 所示。

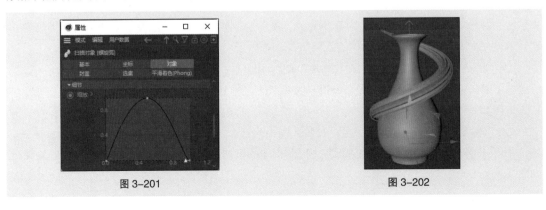

图 3-201　　　　　　　　　　图 3-202

（7）选择"弧线"工具，在"对象"窗口中添加一个"弧线"对象，如图3-203所示。在"属性"窗口的"对象"选项卡中设置"半径"为230cm，如图3-204所示。

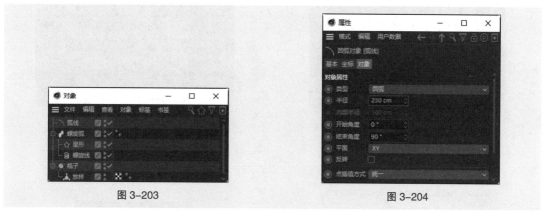

图 3-203　　　　　　　　　　　　　　　　图 3-204

（8）在"坐标"窗口的"位置"选项组中设置"X"为-130cm、"Y"为-15cm、"Z"为110cm，如图3-205所示。视图窗口中的效果如图3-206所示。

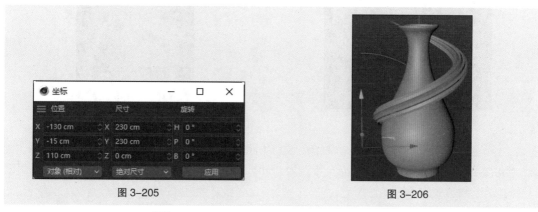

图 3-205　　　　　　　　　　　　　　　　图 3-206

（9）选择"圆环"工具，在"对象"窗口中添加一个"圆环"对象，如图3-207所示。在"属性"窗口的"对象"选项卡中设置"半径"为10cm，如图3-208所示。

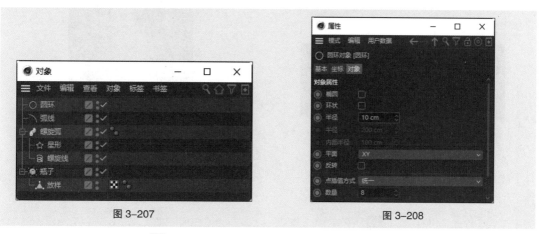

图 3-207　　　　　　　　　　　　　　　　图 3-208

（10）选择"扫描"工具，在"对象"窗口中添加一个"扫描"对象，如图3-209所示。将"圆环"对象和"弧线"对象拖曳到"扫描"对象的下方，并将"扫描"对象重命名为"圆弧"，如图3-210所示。

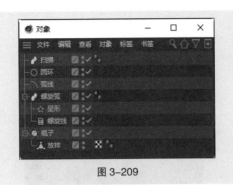

图 3-209

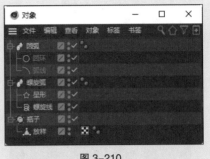

图 3-210

（11）在"属性"窗口的"对象"选项卡的"细节"选项组中，调整"缩放"选项中的节点到适当的位置，如图 3-211 所示。视图窗口中的效果如图 3-212 所示。

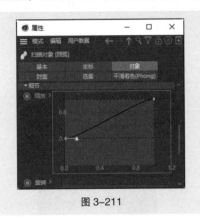

图 3-211

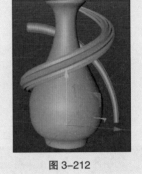

图 3-212

（12）选择"弧线"工具，在"对象"窗口中添加一个"弧线"对象。在"坐标"窗口的"位置"选项组中设置"X"为 -240cm、"Y"为 0cm、"Z"为 140cm，如图 3-213 所示。视图窗口中的效果如图 3-214 所示。

图 3-213

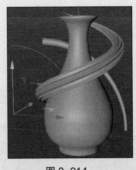

图 3-214

（13）选择"星形"工具☆，在"对象"窗口中添加一个"星形"对象，如图 3-215 所示。在"属性"窗口中设置"内部半径"为 6cm、"外部半径"为 11cm、"点"为 5，如图 3-216 所示。

（14）选择"扫描"工具，在"对象"窗口中添加一个"扫描"对象，如图 3-217 所示。将"星形"对象和"弧线"对象拖曳到"扫描"对象的下方，并将"扫描"对象重命名为"星弧"，如图 3-218 所示。

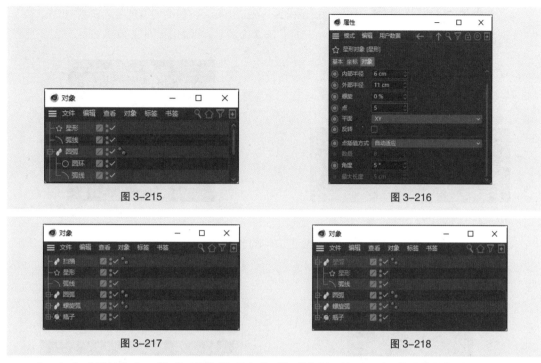

图 3-215

图 3-216

图 3-217

图 3-218

（15）在"属性"窗口的"对象"选项卡的"细节"选项组中，调整"缩放"选项中的节点到适当的位置，如图 3-219 所示。视图窗口中的效果如图 3-220 所示。单击■按钮，依次折叠所有对象组。

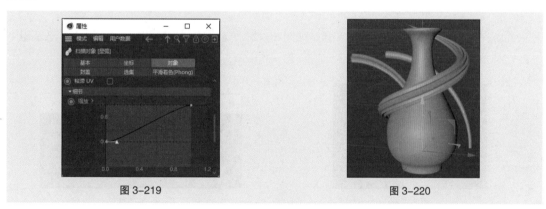

图 3-219

图 3-220

（16）切换至顶视图。选择"样条画笔"工具 ，在视图窗口中绘制出图 3-221 所示的样条。切换至透视视图窗口。

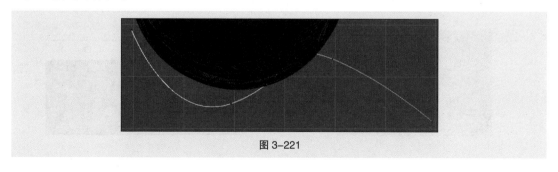

图 3-221

（17）单击"模型"按钮 ，切换为模型模式。在"坐标"窗口的"位置"选项组中设置"X"为 10cm、"Y"为 200cm、"Z"为 60cm，如图 3-222 所示。视图窗口中的效果如图 3-223 所示。

图 3-222

图 3-223

（18）选择"样条画笔"工具 ，在视图窗口中的节点上单击，以激活节点，如图 3-224 所示。选择"移动"工具，在"坐标"窗口的"位置"选项组中设置"X"为 -100cm、"Y"为 -70cm、"Z"为 -50cm，如图 3-225 所示。

图 3-224

图 3-225

（19）在视图窗口中选中需要的节点，如图 3-226 所示。在"坐标"窗口的"位置"选项组中设置"X"为 -6cm、"Y"为 -13cm、"Z"为 -125cm，如图 3-227 所示。

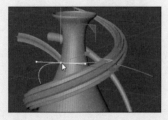

图 3-226

图 3-227

（20）在视图窗口中选中需要的节点，如图 3-228 所示。在"坐标"窗口的位置"选项组中设置"X"为 90cm、"Y"为 -34cm、"Z"为 -80cm，如图 3-229 所示。

图 3-228

图 3-229

（21）选择"球体"工具，在"对象"窗口中添加一个"球体"对象，如图 3-230 所示。在"属性"窗口的"对象"选项卡中设置"半径"为 15cm，如图 3-231 所示。

图 3-230　　　　　　　　　　　　　　　　图 3-231

（22）选择"样条约束"工具，在"对象"窗口中添加一个"样条约束"对象，如图 3-232 所示。将"样条约束"对象拖曳到"球体"对象的下方，如图 3-233 所示。

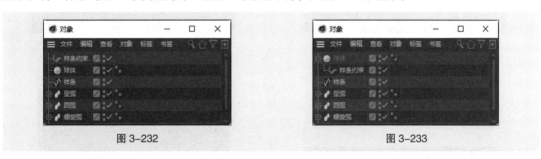

图 3-232　　　　　　　　　　　　　　　　图 3-233

（23）将"对象"窗口中的"样条"对象拖曳到"属性"窗口的"对象"选项卡的"样条"文本框中，设置"轴向"为"+Y"，如图 3-234 所示。展开"尺寸"选项组，调整"尺寸"选项中的节点到适当的位置，如图 3-235 所示。

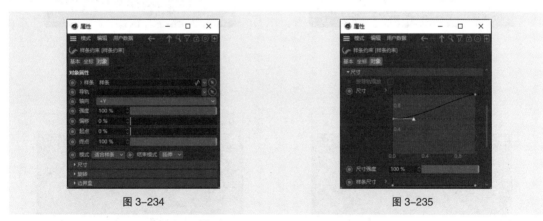

图 3-234　　　　　　　　　　　　　　　　图 3-235

（24）双击"样条"对象右侧的 按钮，将"样条"对象隐藏，如图 3-236 所示。选择"细分曲面"工具，在"对象"窗口中添加一个"细分曲面"对象，如图 3-237 所示。

（25）将"球体"对象组拖到"细分曲面"对象的下方，如图 3-238 所示。将"细分曲面"对象组重命名为"尖弧"。折叠"球体"对象组，将"样条"对象拖曳到"球体"对象组的下方，如图 3-239 所示。折叠"尖弧"对象组。

（26）选择"星形"工具，在"对象"窗口中添加一个"星形"对象，如图 3-240 所示。在"属性"窗口中设置"内部半径"为 12cm、"外部半径"为 25cm、"点"为 5，如图 3-241 所示。

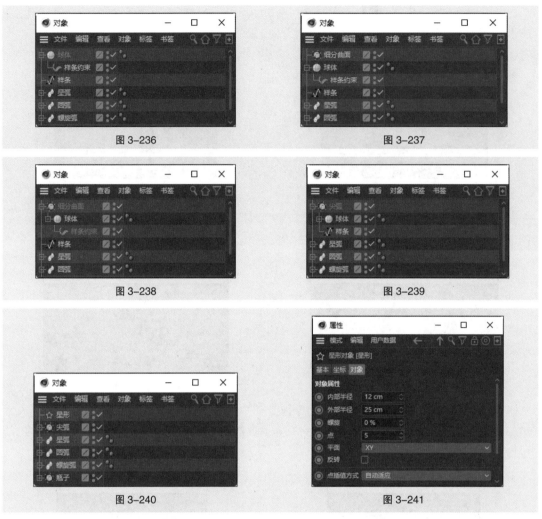

图 3-236

图 3-237

图 3-238

图 3-239

图 3-240

图 3-241

（27）选择"挤压"工具 ⬛，在"对象"窗口中添加一个"挤压"对象，如图 3-242 所示。将"星形"对象拖曳到"挤压"对象的下方，如图 3-243 所示。

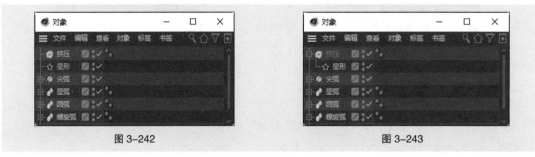

图 3-242

图 3-243

（28）选中"挤压"对象组并将其重命名为"五角星"，如图 3-244 所示。在"属性"窗口的"对象"选项卡中设置"偏移"为 10cm，如图 3-245 所示。

（29）用鼠标右键单击"五角星"对象组，在弹出的快捷菜单中选择"连接对象＋删除"命令，将"五角星"对象组中的对象进行连接，如图 3-246 所示。将鼠标指针放置在视图窗口中，按 V 键，弹出多个选项，如图 3-247 所示。

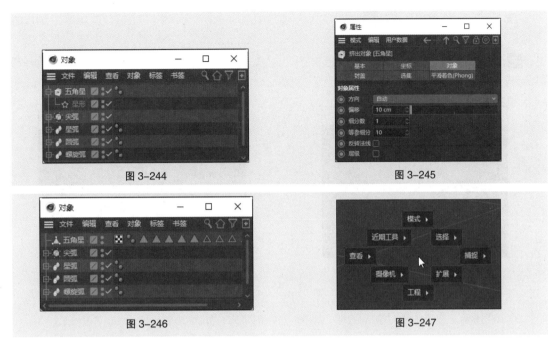

图 3-244

图 3-245

图 3-246

图 3-247

（30）将鼠标指针放置在"模式"选项上，在弹出的下拉列表中选择"视图独显"选项，进入独显视图，效果如图 3-248 所示。选择"圆环面"工具 ，在"对象"窗口中添加一个"圆环面"对象，如图 3-249 所示。

图 3-248

图 3-249

（31）在"属性"窗口的"对象"选项卡中设置"圆环半径"为 30cm、"圆环分段"为 32、"导管半径"为 8cm、"导管分段"为 16，如图 3-250 所示。选择"立方体"工具 ，在"对象"窗口中添加一个"立方体"对象。在"属性"窗口的"对象"选项卡中设置"尺寸 .X"为 15cm、"尺寸 .Y"为 15cm，"尺寸 .Z"为 15cm，如图 3-251 所示。

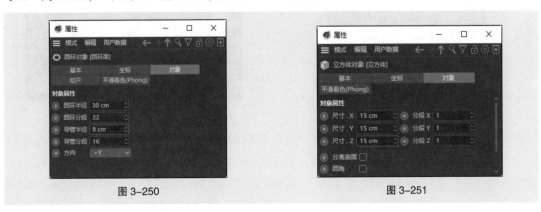

图 3-250

图 3-251

（32）选择"金字塔"工具 ，在"对象"窗口中添加一个"金字塔"对象。在"属性"窗口的"对象"选项卡中设置"尺寸"为25cm、25cm、25cm，如图3-252所示。选择"宝石体"工具 ，在"对象"窗口中添加一个"宝石体"对象。在"属性"窗口的"对象"选项卡中设置"半径"为5cm，如图3-253所示。

图 3-252   图 3-253

（33）选择"运动图形>克隆"命令，在"对象"窗口中添加一个"克隆"对象。框选需要的对象，如图3-254所示。将选中的对象拖曳到"克隆"对象的下方，如图3-255所示。

图 3-254   图 3-255

（34）选中"克隆"对象，在"属性"窗口的"对象"选项卡中设置"数量"为3、2、2，"尺寸"为200cm、70cm、10cm，如图3-256所示。视图窗口中的效果如图3-257所示。

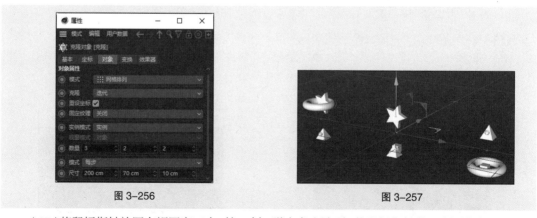

图 3-256   图 3-257

（35）将鼠标指针放置在视图窗口中，按V键，弹出多个选项。将鼠标指针放置在"模式"选项上，在弹出的下拉列表中选择"视图独显"选项，退出独显视图。

（36）选择"运动图形>效果器>随机"命令，在"对象"窗口中添加一个"随机"对象。在"属性"窗口的"参数"选项卡的"变换"选项组中，勾选"旋转"复选框，设置"P.X"为 -280cm、"P.Y"为 91cm、"P.Z"为 94cm、"R.H"为 500°、"R.P"为 170°、"R.B"为 650°，如图 3-258 所示。视图窗口中的效果如图 3-259 所示。

图 3-258

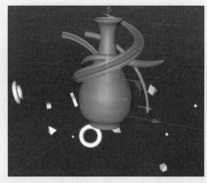

图 3-259

（37）选择"空白"工具 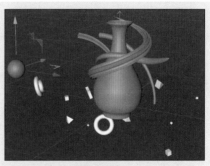，在"对象"窗口中添加一个"空白"对象，并将其重命名为"五个小元素"。将"随机"对象和"克隆"对象组拖曳到"五个小元素"对象的下方，如图 3-260 所示。折叠"五个小元素"对象组。

（38）选择"球体"工具 ，在"对象"窗口中添加一个"球体"对象。在"属性"窗口的"对象"选项卡中设置"半径"为 35cm，如图 3-261 所示。

图 3-260

图 3-261

（39）在"坐标"选项卡中设置"P.X"为 -370cm、"P.Y"为 100cm、"P.Z"为 -100cm，如图 3-262 所示。视图窗口中的效果如图 3-263 所示。

图 3-262

图 3-263

（40）选择"球体"工具 ，在"对象"窗口中添加一个"球体.1"对象。在"属性"窗口的"对象"

选项卡中设置"半径"为20cm，如图3-264所示；在"坐标"选项卡中设置"P.X"为160cm、"P.Y"为250cm、"P.Z"为-50cm，如图3-265所示。

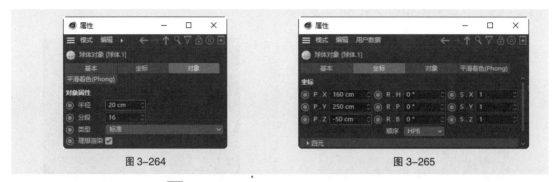

图 3-264　　　　　　　　　　　　　　　　图 3-265

（41）选择"球体"工具 ●，在"对象"窗口中添加一个"球体.2"对象。在"属性"窗口的"对象"选项卡中设置"半径"为15cm，如图3-266所示；在"坐标"选项卡中设置"P.X"为-300cm、"P.Y"为40cm、"P.Z"为30cm，如图3-267所示。

图 3-266　　　　　　　　　　　　　　　　图 3-267

（42）选择"空白"工具 ●，在"对象"窗口中添加一个"空白"对象，将其重命名为"小球"。将"球体"对象、"球体.1"对象和"球体.2"对象拖曳到"小球"对象的下方，如图3-268所示。折叠"小球"对象组。

（43）选择"空白"工具 ●，在"对象"窗口中添加一个"空白"对象，将其重命名为"小元素"，将"小球"对象组和"五个小元素"对象组拖曳到"小元素"对象的下方，如图3-269所示。折叠"小元素"对象组。

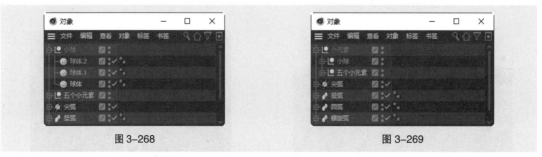

图 3-268　　　　　　　　　　　　　　　　图 3-269

（44）选择"空白"工具 ●，在"对象"窗口中添加一个"空白"对象，将其重命名为"装饰"。框选中需要的对象组，如图3-270所示。将选中的对象组拖曳到"装饰"对象的下方，如图3-271所示。

（45）选中"小元素"对象组，在"属性"窗口的"坐标"选项卡中设置"P.X"为-20cm、"P.Y"为130cm、"P.Z"为0cm，如图3-272所示。装饰模型制作完成，效果如图3-273所示。

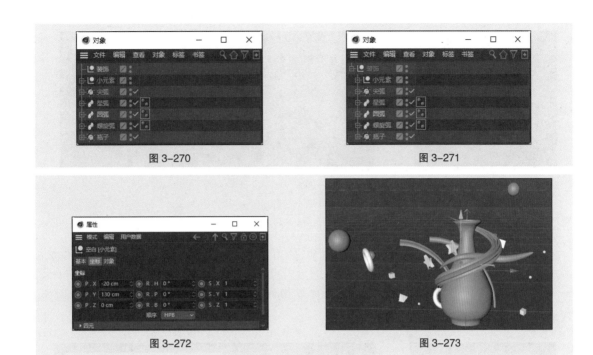

图 3-270   图 3-271

图 3-272   图 3-273

3.3.2　弯曲

"弯曲"变形器 弯曲 可以对绘制的参数化对象进行弯曲变形，如图 3-274 所示。"属性"窗口中会显示弯曲对象的属性，调整相关属性可以调整弯曲对象的强度和角度。其常用的属性位于"对象"及"衰减"两个选项卡内。在"对象"窗口中，需要把"弯曲"变形器作为要修改对象的子级，这样才可以对该对象进行弯曲操作，效果如图 3-275 所示。

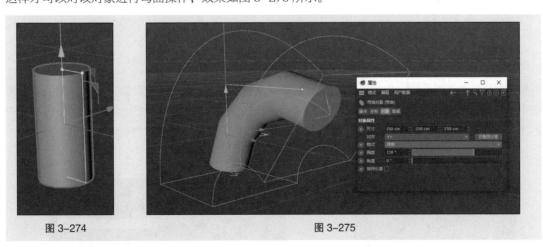

图 3-274   图 3-275

3.3.3　锥化

"锥化"变形器 锥化 可以对绘制的参数化对象进行锥化变形，使其部分缩小，如图 3-276 所示。"属性"窗口中会显示锥化对象的属性，其常用的属性位于"对象"及"衰减"两个选项卡内。在"对象"窗口中，需要把"锥化"变形器作为要修改对象的子级，这样才可以对该对象进行锥化操作，效果如图 3-277 所示。

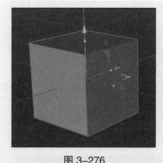
图 3-276

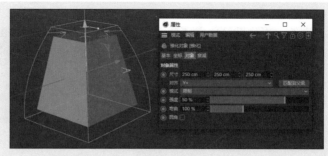
图 3-277

3.3.4 扭曲

"扭曲"变形器 可以对绘制的参数化对象进行扭曲变形,使其扭曲成需要的角度,如图3-278 所示。"属性"窗口中会显示扭曲对象的属性,其常用的属性位于"对象"及"衰减"两个选项卡内。 在"对象"窗口中,需要把"扭曲"变形器作为要修改对象的子级,这样才可以对该对象进行扭曲操作, 效果如图 3-279 所示。

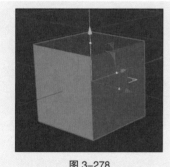
图 3-278

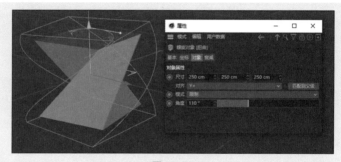
图 3-279

3.3.5 FFD

"FFD"变形器 可以在绘制的参数化对象外部形成晶格,在"点"模式下调整晶格上的控 制点,可以调整参数化对象的形状,如图 3-280 所示。"属性"窗口中会显示晶格的属性,其常用 的属性位于"对象"选项卡内。在"对象"窗口中,需要把"FFD"变形器作为要修改对象的子级, 这样才可以对该对象进行变形操作,效果如图 3-281 所示。

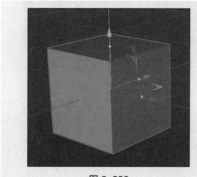
图 3-280

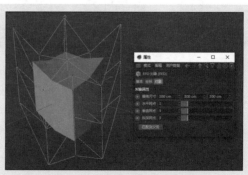
图 3-281

3.3.6 包裹

"包裹"变形器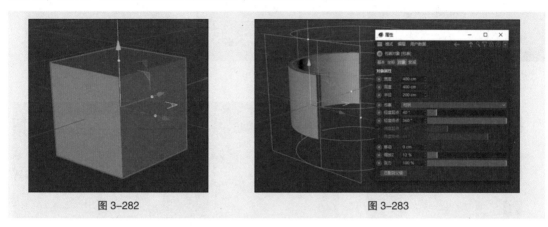可以将绘制的参数化对象的平面弯曲成柱状或球状，如图3-282所示。"属性"窗口中会显示包裹对象的属性，在其中可以调整包裹的起始位置和结束位置，其常用的属性位于"对象"及"衰减"两个选项卡内。在"对象"窗口中，需要把"包裹"变形器作为要修改对象的子级，这样才可以对该对象进行变形操作，效果如图3-283所示。

图 3-282　　　　　　　　　　　　　　　图 3-283

3.3.7 样条约束

"样条约束"变形器 是常用的变形器之一，它可以将参数化对象约束到样条上，从而制作出路径动画效果。

在场景中创建一个"样条约束"变形器。创建一个"样条"对象和一个"胶囊"对象，在"属性"窗口中进行相应的设置，如图3-284所示，效果如图3-285所示。

图 3-284　　　　　　　　　　　　　　　图 3-285

在"对象"窗口中将"样条约束"变形器作为"胶囊"对象的子级，如图3-286所示。将"样条"对象拖曳到"样条约束"变形器的"属性"窗口的"样条"文本框中，如图3-287所示，效果如图3-288所示。

3.3.8 置换

"置换"变形器 可以通过在"属性"窗口的"着色器"选项中添加贴图，对绘制的参数化对象进行变形操作，如图3-289所示。其常用的属性位于"对象""着色""衰减""刷新"4个选项卡内。在"对象"窗口中，需要把"置换"变形器作为要修改对象的子级，这样才可以对该对象进行变形操作，效果如图3-290所示。

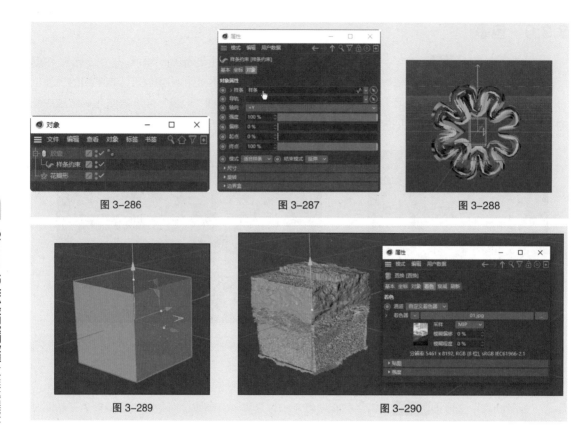

图 3-286 图 3-287 图 3-288

图 3-289　　　　　　　　　　图 3-290

3.4 多边形建模

在 Cinema 4D 中，如果想对绘制的参数化对象进行编辑，需要将参数化对象转为可编辑对象。选中需要编辑的参数化对象，单击模式工具栏中的"转为可编辑对象"按钮 ，即可将该对象转为可编辑对象。

可编辑对象有 3 种编辑模式，分别为"点" 、"边" 和"多边形" ，如图 3-291 所示。

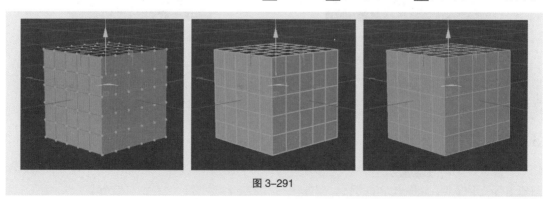

图 3-291

3.4.1 课堂案例——制作 U 盘模型

【案例学习目标】使用多边形建模工具制作 U 盘模型。

【案例知识要点】使用"立方体"工具、"循环 / 路径切割"命令、"挤压"命令、"倒角"命令、"细分曲面"工具和"对称"工具制作 U 盘模型。最终效果如图 3-292 所示。

【效果所在位置】云盘 \Ch03\ 制作 U 盘模型 \ 工程文件 . c4d。

扫码观看
本案例视频

图 3-292

（1）启动 Cinema 4D。选择"渲染 > 编辑渲染设置"命令，弹出"渲染设置"窗口，如图 3-293 所示。在"输出"选项组中设置"宽度"为 800 像素、"高度"为 800 像素，如图 3-294 所示，关闭窗口。

图 3-293

图 3-294

（2）选择"立方体"工具 ，在"对象"窗口中添加一个"立方体"对象，如图 3-295 所示；将其重命名为"U 盘主体"，如图 3-296 所示。

图 3-295

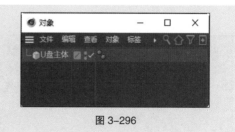

图 3-296

（3）用鼠标右键单击"对象"窗口中的"U 盘主体"对象，在弹出的快捷菜单中选择"转为可编辑对象"命令，将其转为可编辑对象，如图 3-297 所示。

（4）在"坐标"窗口的"尺寸"选项组中设置"X"为 150cm、"Y"为 25cm、"Z"为

65cm，如图 3-298 所示。

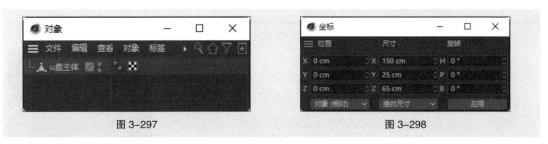

图 3-297　　　　　　　　　　　　　　　　图 3-298

（5）单击"边"按钮 ，切换为边模式。在视图窗口中单击鼠标右键，在弹出的快捷菜单中选择"循环 / 路径切割"命令，在视图窗口中选中需要编辑的边，如图 3-299 所示。在"属性"窗口中设置"切割数量"为 4，效果如图 3-300 所示。

图 3-299　　　　　　　　　　　　　　　　图 3-300

（6）在视图窗口中选中需要编辑的边，如图 3-301 所示。在"属性"窗口中设置"切割数量"为 4，效果如图 3-302 所示。

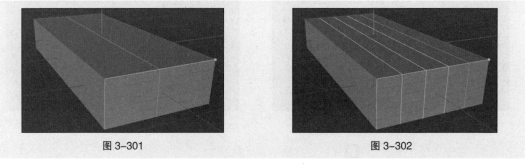

图 3-301　　　　　　　　　　　　　　　　图 3-302

（7）在视图窗口中选中需要编辑的边，如图 3-303 所示。在"属性"窗口中设置"切割数量"为 4，效果如图 3-304 所示。

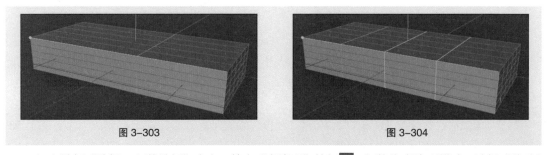

图 3-303　　　　　　　　　　　　　　　　图 3-304

（8）选择"选择 > 环状选择"命令，单击"多边形"按钮 ，切换为多边形模式。选择"移动"工具 ，按住 Shfit 键，在视图窗口中选中需要编辑的面，如图 3-305 所示。

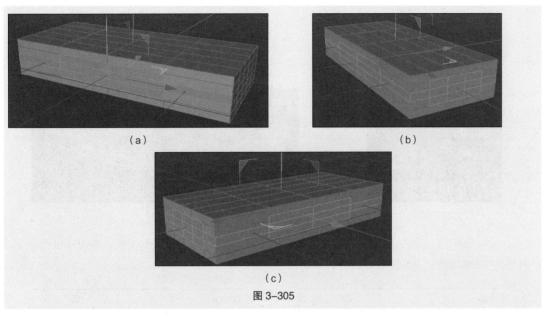

（a）　　　　　　　　　　　　　　（b）

（c）

图 3-305

（9）在视图窗口中单击鼠标右键，在弹出的快捷菜单中选择"挤压"命令。在"属性"窗口中设置"偏移"为 -3cm，如图 3-306 所示，效果如图 3-307 所示。

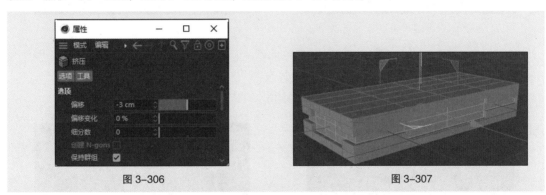

图 3-306　　　　　　　　　　　　　　　图 3-307

（10）单击"边"按钮 ，切换为边模式。选择"选择 > 选择平滑着色断开"命令，在"属性"窗口中单击"全选"按钮，如图 3-308 所示。视图窗口中的效果如图 3-309 所示。

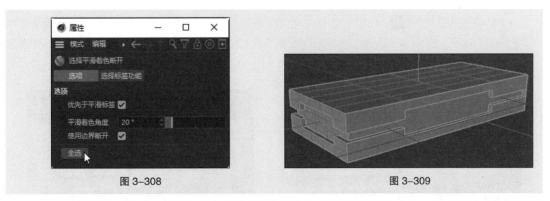

图 3-308　　　　　　　　　　　　　　　图 3-309

（11）在视图窗口中单击鼠标右键，在弹出的快捷菜单中选择"倒角"命令。在"属性"窗口中设置"偏移"为 0.5cm、"细分"为 3、"斜角"为"均匀"，如图 3-310 所示，效果如图 3-311 所示。

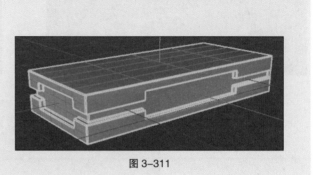

图 3-310   图 3-311

（12）选择"立方体"工具 ▣，在"对象"窗口中添加一个"立方体"对象，如图 3-312 所示；将其转为可编辑对象，如图 3-313 所示。

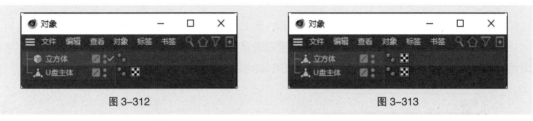

图 3-312   图 3-313

（13）单击"模型"按钮 ▣，切换为模型模式。在"坐标"窗口的"位置"选项组中设置"X"为 -37cm、"Y"为 0cm、"Z"为 -27cm，在"尺寸"选项组中设置"X"为 25cm、"Y"为 15cm、"Z"为 15cm，如图 3-314 所示。视图窗口中的效果如图 3-315 所示。

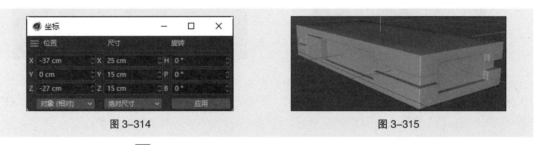

图 3-314   图 3-315

（14）单击"边"按钮 ▣，切换为边模式。在视图窗口中单击鼠标右键，在弹出的快捷菜单中选择"循环 / 路径切割"命令。在视图窗口中选中需要编辑的边，如图 3-316 所示。在"属性"窗口中设置"切割数量"为 11，效果如图 3-317 所示。

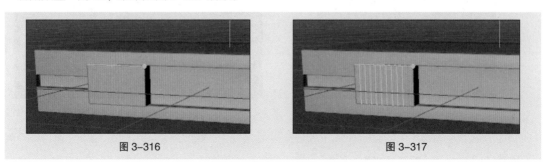

图 3-316   图 3-317

（15）选择"选择>选择平滑着色断开"命令，在"属性"窗口中单击"全选"按钮，如图3-318所示。视图窗口中的效果如图3-319所示。

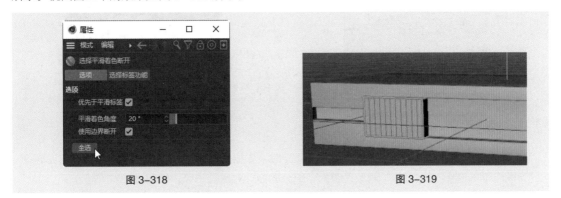

图 3-318　　　　　　　　　　　　图 3-319

（16）在视图窗口中单击鼠标右键，在弹出的快捷菜单中选择"倒角"命令。在"属性"窗口中设置"偏移"为0.5cm、"细分"为3、"斜角"为"均匀"，如图3-320所示，效果如图3-321所示。

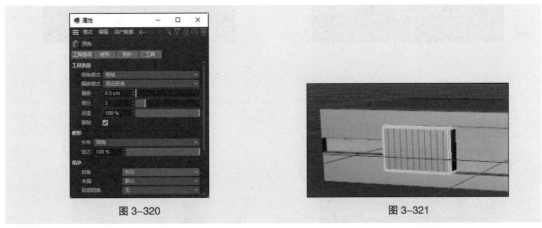

图 3-320　　　　　　　　　　　　图 3-321

（17）单击"多边形"按钮 ，切换为多边形模式。选择"移动"工具 ，按住 Shift 键，在视图窗口中选中需要编辑的面，如图3-322所示。在视图窗口中单击鼠标右键，在弹出的快捷菜单中选择"挤压"命令。在"属性"窗口中设置"偏移"为0.8cm，如图3-323所示。

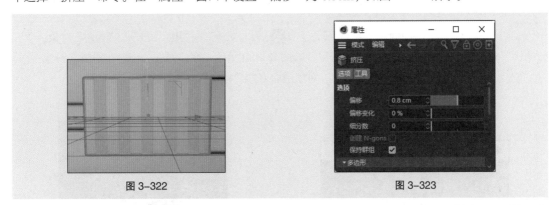

图 3-322　　　　　　　　　　　　图 3-323

（18）单击"边"按钮 ，切换为边模式。选择"选择>循环选择"命令，按住 Shift 键，在视图窗口中选中要挤压的对象的边，如图3-324所示。在视图窗口中单击鼠标右键，在弹出的快捷菜单中选择"倒角"命令。在"属性"窗口中设置"偏移"为0.15cm，如图3-325所示。

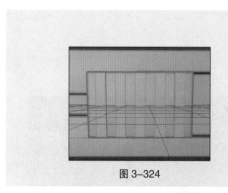

图 3-324 图 3-325

（19）选择"细分曲面"工具，在"对象"窗口中添加一个"细分曲面"对象，如图 3-326 所示。在"对象"窗口中将"立方体"对象设置为"细分曲面"对象的子级，如图 3-327 所示。

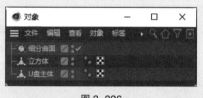

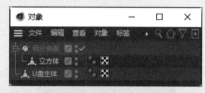

图 3-326 图 3-327

（20）在"对象"窗口中选中"细分曲面"对象组，在"属性"窗口中设置"编辑器细分"为 4、"渲染器细分"为 4，如图 3-328 所示。视图窗口中的效果如图 3-329 所示。

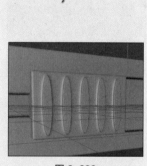

图 3-328 图 3-329

（21）在按住 Alt 键的同时选择"对称"工具，在"对象"窗口中添加一个"对称"对象，"细分曲面"对象组将自动位于"对称"对象下，如图 3-330 所示。在"属性"窗口中设置"镜像平面"为"XY"，如图 3-331 所示。将"对称"对象重命名为"按钮"。

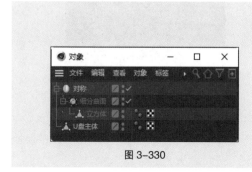

图 3-330 图 3-331

（22）选择"立方体"工具 ，在"对象"窗口中添加一个"立方体"对象，如图 3-332 所示。将"立方体"对象转为可编辑对象，并将其重命名为"U 盘接口"，如图 3-333 所示。

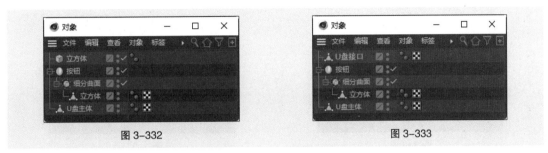

图 3-332   图 3-333

（23）单击"模型"按钮 ，切换为模型模式。在"坐标"窗口的"位置"选项组中设置"X"为 −90cm、"Y"为 0cm、"Z"为 0m，在"尺寸"选项组中设置"X"为 40cm、"Y"为 15cm、"Z"为 35cm，如图 3-334 所示。视图窗口中的效果如图 3-335 所示。

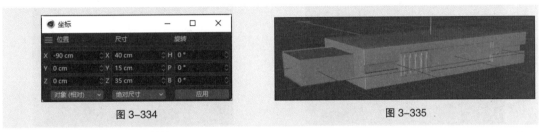

图 3-334   图 3-335

（24）单击"边"按钮 ，切换为边模式。选择"选择 > 循环 / 路径切割"命令，在视图窗口中选择需要编辑的边，如图 3-336 所示。在"属性"窗口中设置"偏移"为 35%，效果如图 3-337 所示。

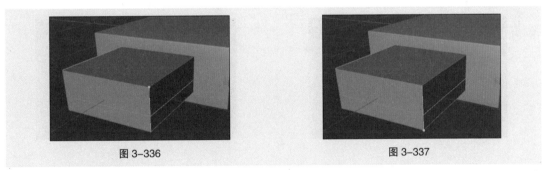

图 3-336   图 3-337

（25）选择需要编辑的边，如图 3-338 所示。在"属性"窗口中设置"偏移"为 80%，勾选"镜像切割"复选框，效果如图 3-339 所示。

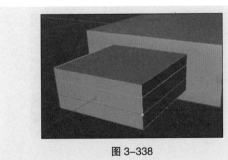
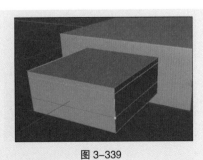

图 3-338   图 3-339

（26）选择需要编辑的边，如图 3-340 所示。在"属性"窗口中设置"偏移"为 5%，取消勾选"镜像切割"复选框，效果如图 3-341 所示。

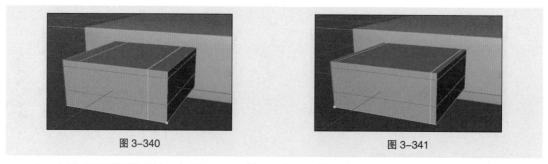

图 3-340　　　　　　　　　　　　图 3-341

（27）选择需要编辑的边，如图 3-342 所示。在"属性"窗口中设置"偏移"为 50%，效果如图 3-343 所示。

图 3-342　　　　　　　　　　　　图 3-343

（28）选择需要编辑的边，如图 3-344 所示。在"属性"窗口中设置"偏移"为 45%，效果如图 3-345 所示。

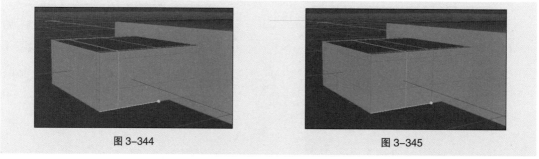

图 3-344　　　　　　　　　　　　图 3-345

（29）选择需要编辑的边，如图 3-346 所示。在"属性"窗口中设置"切割数量"为 4，效果如图 3-347 所示。

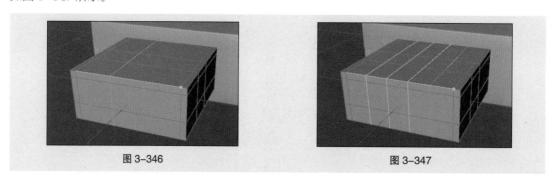

图 3-346　　　　　　　　　　　　图 3-347

（30）单击"多边形"按钮 ，切换为多边形模式。选择"移动"工具 ，按住 Shift 键，在视图窗口中选中需要编辑的面，如图 3-348 所示。在视图窗口中单击鼠标右键，在弹出的快捷菜单中选择"挤压"命令，在"属性"窗口中设置"偏移"为 −6cm，视图窗口中的效果如图 3-349 所示。

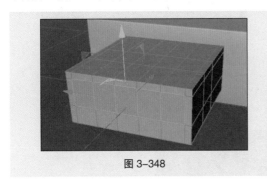
图 3-348

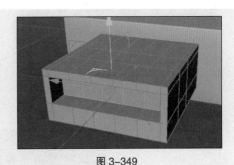
图 3-349

（31）按住 Shift 键，在视图窗口中选中需要编辑的面，如图 3-350 所示。在视图窗口中单击鼠标右键，在弹出的快捷菜单中选择"挤压"命令，在"属性"窗口中设置"偏移"为 −10cm，视图窗口中的效果如图 3-351 所示。

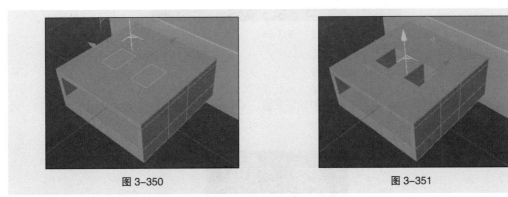

图 3-350 图 3-351

（32）单击"边"按钮 ，切换为边模式。选择"选择 > 选择平滑着色断开"命令，在"属性"窗口中单击"全选"按钮，效果如图 3-352 所示。在视图窗口中单击鼠标右键，在弹出的快捷菜单中选择"倒角"命令，在"属性"窗口中设置"偏移"为 0.5cm，视图窗口中的效果如图 3-353 所示。

图 3-352 图 3-353

（33）在"对象"窗口中框选所有对象，如图 3-354 所示。按 Alt+G 组合键将选中的对象编组，并将组名修改为"U 盘"，如图 3-355 所示。

图 3-354 　　　　　　　　　　　　　　　　　图 3-355

（34）U 盘模型制作完成，效果如图 3-356 所示。

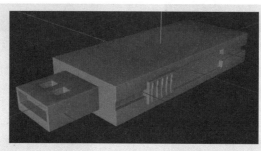

图 3-356

3.4.2 点模式

将需要编辑的参数化对象转为可编辑对象后，在"点"模式 下选中对象并单击鼠标右键，会弹出图 3-357 所示的快捷菜单。

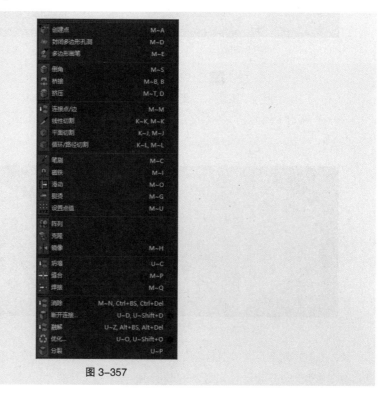

图 3-357

1. 封闭多边形孔洞

"封闭多边形孔洞"命令通常用于"点""边""多边形"模式下。该命令可以将参数化对象中的孔洞封闭。"属性"窗口中显示了封闭多边形孔洞的属性，如图 3-358 所示。

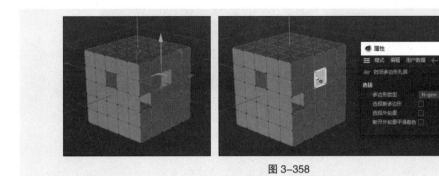

图 3-358

2. 多边形画笔

"多边形画笔"命令通常用于"点""边""多边形"模式下。该命令不仅可以在多边形上连接任意的点、线和多边形，还可以绘制多边形。"属性"窗口中显示了多边形画笔的属性，如图 3-359 所示。

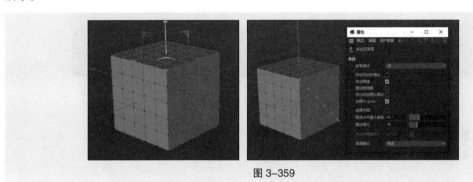

图 3-359

3. 倒角

"倒角"命令是多边形建模中常用的命令之一。该命令可以对选中的点进行倒角操作，从而生成新的边。"属性"窗口中显示了倒角对象的属性，如图 3-360 所示。

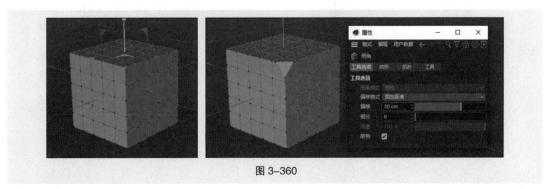

图 3-360

4. 线性切割

"线性切割"命令同样通常用于"点""边""多边形"模式下。使用该命令单击并拖曳切割线，可以在参数化对象上分割出新的边。"属性"窗口中显示了线性切割对象的属性，如图 3-361 所示。

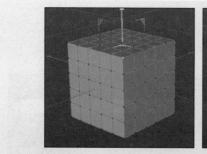
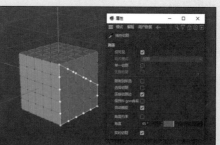

图 3-361

5. 循环 / 路径切割

"循环 / 路径切割"命令通常用于对循环封闭的对象表面进行切割。该命令可以沿着选中的点或边添加新的循环边。"属性"窗口中显示了循环 / 路径切割的属性，如图 3-362 所示。

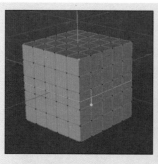
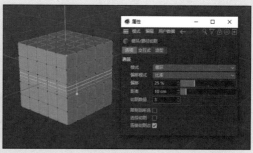

图 3-362

6. 笔刷

"笔刷"命令通常用于"点""边""多边形"模式下，该命令可以对参数化对象上的点进行涂抹。"属性"窗口中显示了笔刷的属性，如图 3-363 所示。

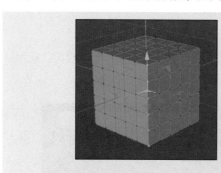
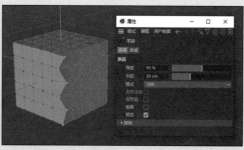

图 3-363

7. 滑动

"滑动"命令在"点"模式下只能对参数化对象上的点进行操作，此时"属性"窗口中显示了"偏移"选项，如图 3-364 所示。该命令在"边"模式下则可以对多条边同时进行操作，"属性"窗口中增加了对应的属性。

8. 克隆

"克隆"命令通常用于"点""多边形"模式下，可以复制所选的点或面。"属性"窗口中显示了克隆的属性，如图 3-365 所示。

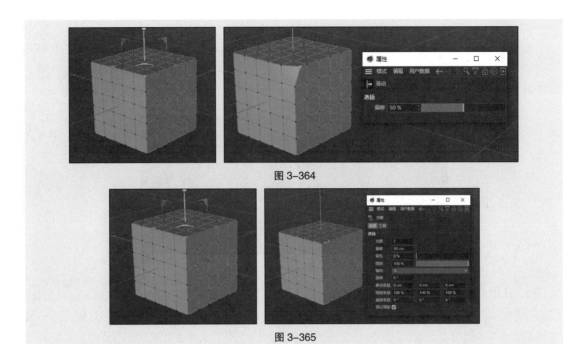

图 3-364

图 3-365

9. 缝合

"缝合"命令通常用于"点""边""多边形"模式下，该命令可以实现参数化对象中点与点、边与边及面与面的连接，如图 3-366 所示。

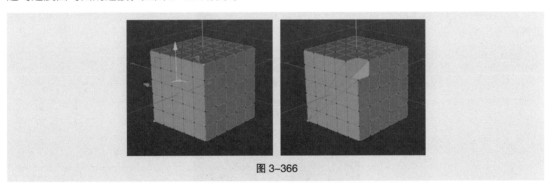

图 3-366

10. 焊接

"焊接"命令通常用于"点""边""多边形"模式下，该命令可以将参数化对象中多个点、边和面合并在指定的点上，如图 3-367 所示。

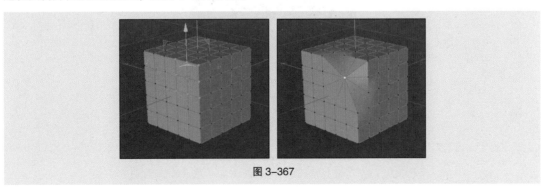

图 3-367

11. 消除

"消除"命令通常用于"点""边""多边形"模式下，该命令可以将参数化对象中不需要的点、边和面移除，从而形成新的多边形拓扑结构。消除不同于删除，它不会使参数化对象产生孔洞，如图 3-368 所示。

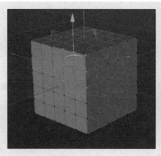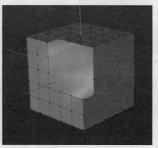

图 3-368

12. 优化

"优化"命令通常用于"点""边""多边形"模式下，该命令可以优化参数化对象，合并相邻但未焊接在一起的点，也可以消除多余的空闲点；另外，还可以通过设置"优化公差"来控制焊接范围。

3.4.3 边模式

将需要编辑的参数化对象转为可编辑对象后，在"边"模式 ■ 下选中参数化对象并单击鼠标右键，会弹出图 3-369 所示的快捷菜单。

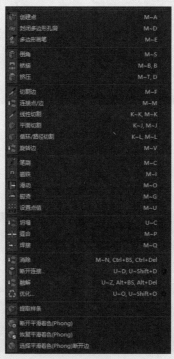

图 3-369

1. 提取样条

"提取样条"命令是多边形建模中常用的命令之一。在场景中选中需要的边，选择该命令可以把选中的边提取出来，并将其变成新的样条，如图 3-370 所示。

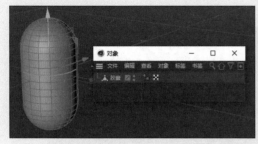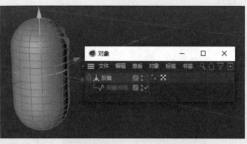

图 3-370

2. 选择平滑着色（Phong）断开边

"选择平滑着色（Phong）断开边"命令仅可在"边"模式下使用。该命令可用于选中已经断开平滑着色的边，如图 3-371 所示。

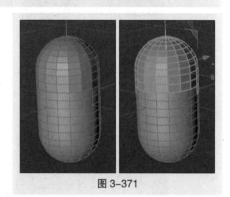

图 3-371

3.4.4　多边形模式

将需要编辑的参数化对象转为可编辑对象后，在"多边形"模式下选中参数对象并单击鼠标右键，会弹出图 3-372 所示的快捷菜单。

创建点		M-A
封闭多边形孔洞		M-D
多边形画笔		M-E
倒角		M-S
桥接		M-B, B
挤压		M-T, D
内部挤压		M-W, I
矩阵挤压		M-X
平滑偏移		M-Y
线性切割		K-K, M-K
平面切割		K-J, M-J
循环/路径切割		K-L, M-L
笔刷		M-C
磁铁		M-I
熨烫		M-G
沿法线移动		M-Z
沿法线缩放		M-.
沿法线旋转		M-,
设置点值		M-U
对齐法线...		U-A
反转法线		U-R
阵列		
克隆		
镜像		M-H
缝合		U-C
融合		M-P
焊接		M-Q
消除		M-N, Ctrl+BS, Ctrl+Del
断开连接		U-D, U-Shift+D
熔解		U-Z, Alt+BS, Alt+Del
优化		U-O, U-Shift+O
分裂		U-P
细分		U-S, U-Shift+S
三角化		
反三角化		U-U
消除N-gon之间的线		U-G
删除 N-gons		U-I
改变点顺序		

图 3-372

1. 挤压

"挤压"命令是多边形建模中常用的命令之一，可以在"点""边""多边形"模式下使用，但通常用于"多边形"模式下。该命令可以将选中的面挤出或压缩。"属性"窗口中显示了挤压对象的属性，如图 3-373 所示。

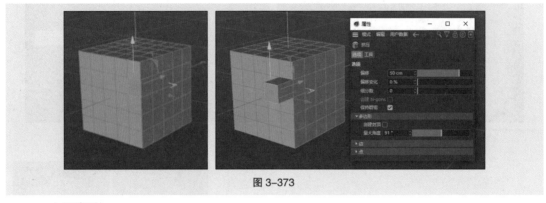

图 3-373

2. 内部挤压

"内部挤压"命令同样是多边形建模中常用的命令之一，仅可在"多边形"模式下使用。该命令可以将选中的面向内挤压。"属性"窗口中显示了内部挤压对象的属性，如图 3-374 所示。

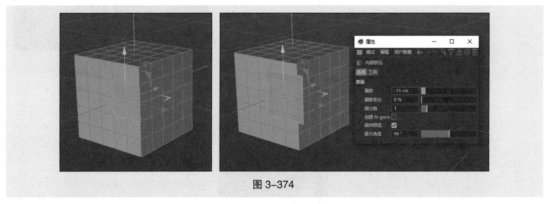

图 3-374

3. 沿法线缩放

"沿法线缩放"命令仅可在"多边形"模式下使用。该命令可以将选中的面在垂直于该面的法线平面上缩放。"属性"窗口中显示了缩放对象的属性，如图 3-375 所示。

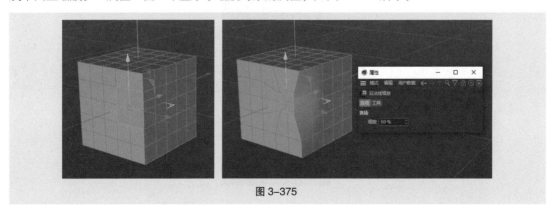

图 3-375

4. 反转法线

"反转法线"命令仅可在"多边形"模式下使用。该命令可以将选中面的法线反转，如图3-376所示。

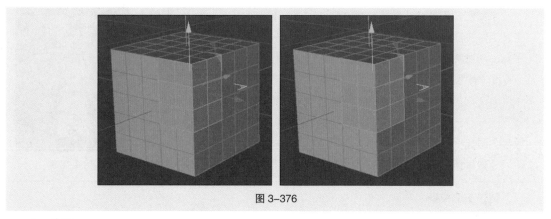
图3-376

5. 分裂

"分裂"命令仅可在"多边形"模式下使用。该命令可以将选中的面分裂成一个独立的面，如图3-377所示。

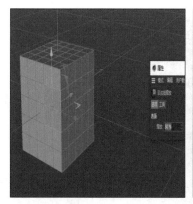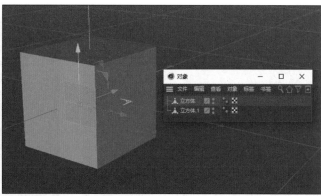
图3-377

3.5 体积建模

体积建模工具可以使多个参数化对象或样条对象通过布尔运算组合成一个新对象，从而产生不同的效果。在制作异形模型时，体积建模工具可大大简化建模操作。长按工具栏中的"体积生成"按钮 ，弹出图3-378所示的列表。

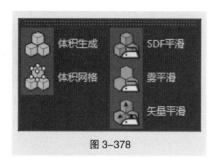
图3-378

3.5.1 课堂案例——制作卡通模型

【案例学习目标】使用体积建模工具制作卡通模型。

【案例知识要点】使用"球体"工具和"FFD"工具制作头部模型,使用"细分曲面"工具、"胶囊"工具、"对称"工具、"锥化"工具、"体积生成"命令和"体积网格"命令制作身体模型,使用"圆环"工具、"扫描"工具制作眼镜和眼睛模型,使用"球体"工具、"弯曲"工具、"胶囊"工具制作其他部位模型。最终效果如图3-379所示。

扫码观看
本案例视频

【效果所在位置】云盘\Ch03\制作卡通模型\工程文件.c4d。

图 3-379

1. 制作头部模型

(1)启动Cinema 4D。选择"渲染>编辑渲染设置"命令,弹出"渲染设置"窗口,如图3-380所示。在"输出"选项组中设置"宽度"为600像素、"高度"为800像素,如图3-381所示,关闭窗口。

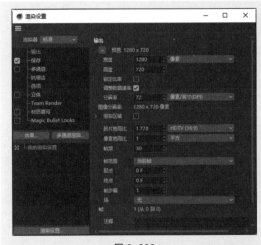

图 3-380

图 3-381

(2)切换至正视图。选择"球体"工具 ,在"对象"窗口中添加一个"球体"对象,如图3-382所示。单击"转为可编辑对象"按钮 ,将"球体"对象转为可编辑对象,如图3-383所示。

图 3-382

图 3-383

(3)在"坐标"窗口的"尺寸"选项组中设置"X"为200cm、"Y"为150cm、"Z"为200cm,如图3-384所示。视图窗口中的效果如图3-385所示。

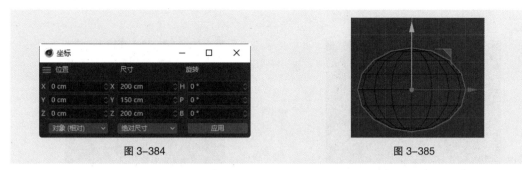

图 3-384　　　　　　　　　　　　　　　　图 3-385

（4）在"对象"窗口中将"球体"对象重命名为"头部"，如图 3-386 所示。选择"FFD"工具 ![icon]，在"对象"窗口中添加一个"FFD"对象，如图 3-387 所示。

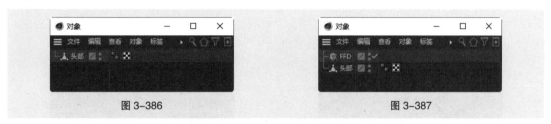

图 3-386　　　　　　　　　　　　　　　　图 3-387

（5）将"FFD"对象拖曳到"头部"对象的下方作为"头部"对象的子级，如图 3-388 所示。视图窗口中的效果如图 3-389 所示。

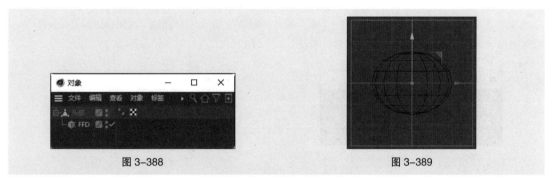

图 3-388　　　　　　　　　　　　　　　　图 3-389

（6）在"属性"窗口的"对象"选项卡中单击"匹配到父级"按钮，如图 3-390 所示。视图窗口中的效果如图 3-391 所示。

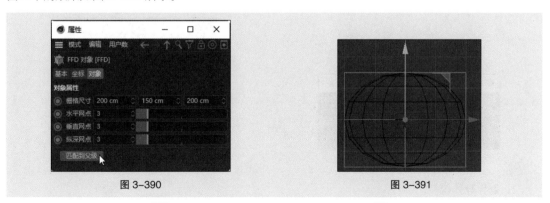

图 3-390　　　　　　　　　　　　　　　　图 3-391

（7）单击"点"按钮 ![icon]，切换为点模式。选择"框选"工具 ![icon]，在视图窗口中框选需要的节点，如图 3-392 所示。在"坐标"窗口的"位置"选项组中设置"X"为 0cm、"Y"为 100cm、"Z"

为 0cm，视图窗口中的效果如图 3-393 所示。

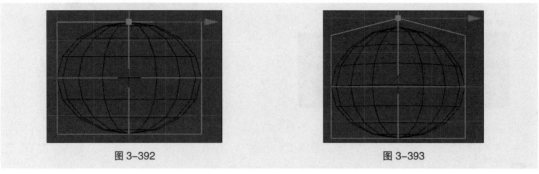

图 3-392   图 3-393

（8）用鼠标右键单击"对象"窗口中的"头部"对象，在弹出的快捷菜单中选择"当前状态转对象"命令，在"对象"窗口中添加一个"头部"对象，如图 3-394 所示。选中"头部"对象组，按 Delete 键将其删除，"对象"窗口中的效果如图 3-395 所示。

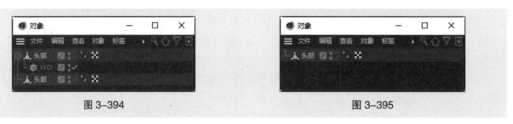

图 3-394   图 3-395

（9）选择"细分曲面"工具 ，在"对象"窗口中添加一个"细分曲面"对象，如图 3-396 所示；将其重命名为"头部细分"，如图 3-397 所示。

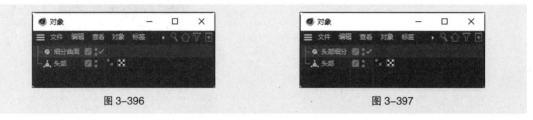

图 3-396   图 3-397

（10）将"头部"对象拖曳到"头部细分"对象的下方作为"头部细分"对象的子级，如图 3-398所示。视图窗口中的效果如图 3-399 所示。折叠"头部细分"对象组。

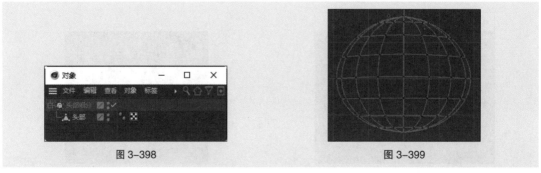

图 3-398   图 3-399

2. 制作身体模型

（1）选择"球体"工具 ，在"对象"窗口中添加一个"球体"对象，如图 3-400 所示。在"属性"窗口的"对象"选项卡中设置"半径"为 50cm，如图 3-401 所示。

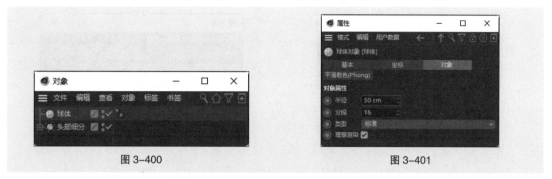

图 3-400　　　　　　　　　　　　　　　　　　　图 3-401

（2）单击"模型"按钮 ，切换为模型模式。在"坐标"窗口的"位置"选项组中设置"X"为 0cm、"Y"为 −85cm、"Z"为 0cm，如图 3-402 所示。视图窗口中的效果如图 3-403所示。

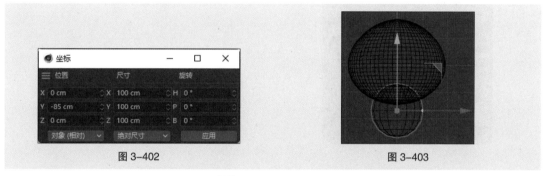

图 3-402　　　　　　　　　　　　　　　　　　　图 3-403

（3）单击"转为可编辑对象"按钮 ，将"球体"对象转为可编辑对象，如图 3-404 所示。在"坐标"窗口的"尺寸"选项组中设置"X"为 100cm、"Y"为 120cm、"Z"为 100cm，如图 3-405所示。

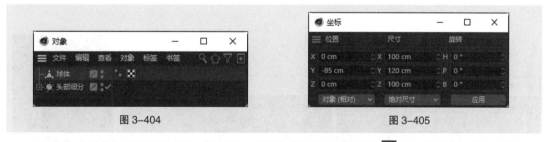

图 3-404　　　　　　　　　　　　　　　　　　　图 3-405

（4）将"球体"对象重命名为"身体"。选择"细分曲面"工具 ，在"对象"窗口中添加一个"细分曲面"对象，如图 3-406 所示；将其重命名为"身体细分"，如图 3-407 所示。

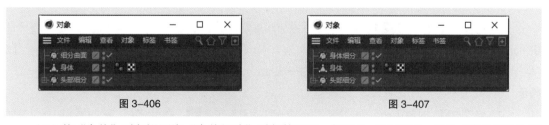

图 3-406　　　　　　　　　　　　　　　　　　　图 3-407

（5）将"身体"对象设置为"身体细分"对象的子级，如图 3-408 所示。折叠"身体细分"对象组。选择"胶囊"工具 ，在"对象"窗口中添加一个"胶囊"对象，如图 3-409 所示。

图 3-408

图 3-409

（6）在"属性"窗口的"对象"选项卡中设置"半径"为10cm、"高度"为60cm，如图 3-410 所示。在"坐标"窗口的"位置"选项组中设置"X"为 -60cm、"Y"为 -85cm、"Z"为 0cm，在"旋转"选项组中设置"H"为 0°、"P"为 0°、"B"为 40°，如图 3-411 所示。

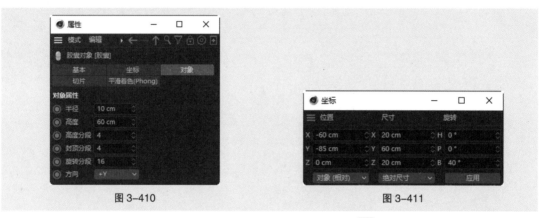

图 3-410   图 3-411

（7）将"胶囊"对象重命名为"手臂"。选择"对称"工具 ，在"对象"窗口中添加一个"对称"对象，并将其重命名为"手臂对称"，如图 3-412 所示。将"手臂"对象设置为"手臂对称"对象的子级，如图 3-413 所示。视图窗口中的效果如图 3-414 所示。折叠"手臂对称"对象组。

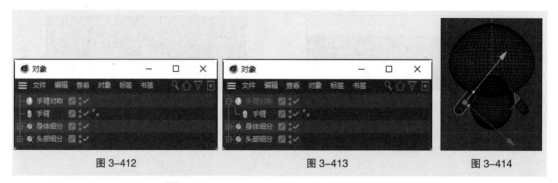

图 3-412   图 3-413   图 3-414

（8）选择"胶囊"工具 ，在"对象"窗口中添加一个"胶囊"对象。在"属性"窗口的"对象"选项卡中设置"半径"为5cm、"高度"为20cm、"方向"为"+X"，如图 3-415 所示。在"坐标"窗口的"位置"选项组中设置"X"为 -76cm、"Y"为 -86cm、"Z"为 0cm，如图 3-416 所示。

（9）将"胶囊"对象重命名为"拇指"。选择"对称"工具 ，在"对象"窗口中添加一个"对称"对象，并将其重命名为"拇指对称"，如图 3-417 所示。将"拇指"对象设置为"拇指对称"对象的子级，如图 3-418 所示。视图窗口中的效果如图 3-419 所示。折叠"拇指对称"对象组。

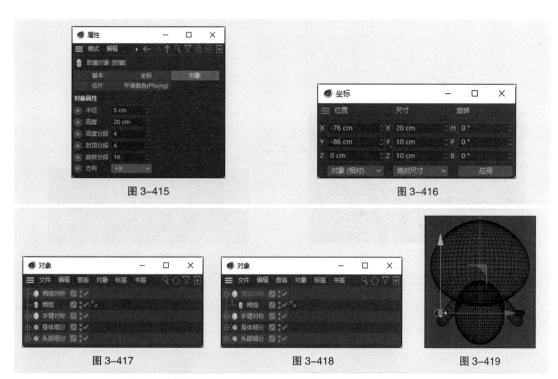

图 3-415

图 3-416

图 3-417

图 3-418

图 3-419

（10）选择"胶囊"工具 ⬛ ，在"对象"窗口中添加一个"胶囊"对象。在"属性"窗口的"对象"选项卡中设置"半径"为20cm、"高度"为100cm，如图 3-420 所示。在"坐标"窗口的"位置"选项组中设置"X"为–35cm、"Y"为100cm、"Z"为0cm，如图 3-421 所示。

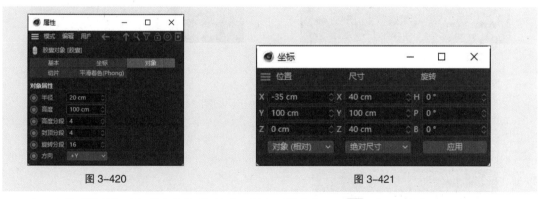

图 3-420

图 3-421

（11）将"胶囊"对象重命名为"耳朵"。选择"锥化"工具 ⬛ ，在"对象"窗口中添加一个"锥化"对象，如图 3-422 所示。将"锥化"对象拖曳到"耳朵"对象的下方作为"锥化"对象的子级，如图 3-423 所示。

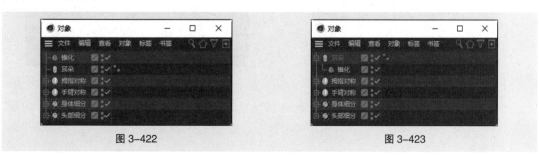

图 3-422

图 3-423

（12）在"属性"窗口的"对象"选项卡中单击"匹配到父级"按钮，设置"强度"为50%，如图3-424所示。在"坐标"窗口的"旋转"选项组中设置"H"为0°、"P"为0°、"B"为180°，如图3-425所示。

图 3-424　　　　　　　　　　　　　　　图 3-425

（13）选择"对称"工具 ，在"对象"窗口中添加一个"对称"对象，并将其重命名为"耳朵对称"，如图3-426所示。将"耳朵"对象组设置为"耳朵对称"对象的子级，如图3-427所示。折叠"耳朵对称"对象组。

图 3-426　　　　　　　　　　　　　　　图 3-427

（14）选择"胶囊"工具 ，在"对象"窗口中添加一个"胶囊"对象。在"属性"窗口的"对象"选项卡中设置"半径"为20cm、"高度"为100cm，如图3-428所示。在"坐标"窗口的"位置"选项组中设置"X"为-26cm、"Y"为-120cm、"Z"为0cm，如图3-429所示。

图 3-428　　　　　　　　　　　　　　　图 3-429

（15）将"胶囊"对象重命名为"腿"。选择"对称"工具 ，在"对象"窗口中添加一个"对称"对象，并将其重命名为"腿对称"，如图3-430所示。将"腿"对象设置为"腿对称"对象的子级，如图 3-431 所示。视图窗口中的效果如图 3-432 所示。折叠"腿对称"对象组。

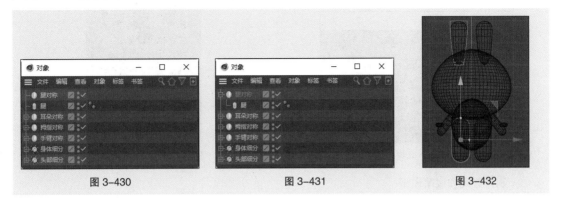

图 3-430 图 3-431 图 3-432

（16）选择"体积 > 体积生成"命令，在"对象"窗口中添加一个"体积生成"对象。框选需要的对象组，如图 3-433 所示。将选中的对象组设置为"体积生成"对象的子级，如图 3-434 所示。

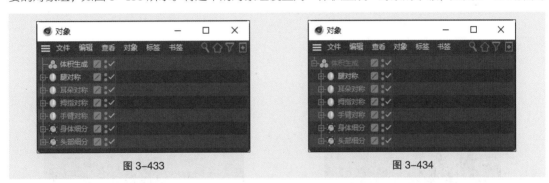

图 3-433 图 3-434

（17）选中"体积生成"对象组，在"属性"窗口的"对象"选项卡中设置"体素尺寸"为 1cm，单击"SDF 平滑"按钮，设置"强度"为 50%，如图 3-435 所示。视图窗口中的效果如图 3-436 所示。

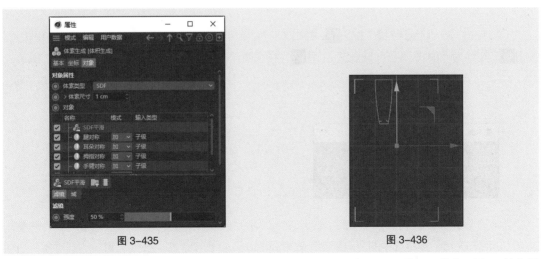

图 3-435 图 3-436

（18）选择"体积 > 体积网格"命令，在"对象"窗口中添加一个"体积网格"对象，并将其重命名为"兔身"。将"体积生成"对象组设置为"兔身"对象的子级，如图 3-437 所示。视图窗口中的效果如图 3-438 所示。折叠"兔身"对象组。

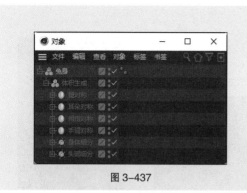

图 3-437

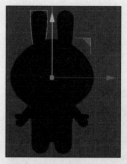

图 3-438

3. 制作眼镜和眼睛模型

（1）按 F1 键，切换至透视视图。选择"圆环"工具 ○，在"对象"窗口中添加一个"圆环"对象，在"属性"窗口的"对象"选项卡中设置"半径"为 40cm，如图 3-439 所示。在"坐标"窗口的"位置"选项组中设置"X"为 -49cm、"Y"为 16cm、"Z"为 -100cm，如图 3-440 所示。

图 3-439

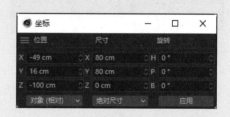

图 3-440

（2）单击"转为可编辑对象"按钮 ，将"圆环"对象转为可编辑对象，如图 3-441 所示。单击"点"按钮 ，切换为点模式。选择"框选"工具 ，在视图窗口中框选需要的节点，如图 3-442 所示。

图 3-441

图 3-442

（3）按 Delete 键将选中的节点删除，效果如图 3-443 所示。在"属性"窗口的"对象"选项卡中设置"数量"为 12，如图 3-444 所示。

（4）选择"圆环"工具 ○，在"对象"窗口中添加一个"圆环 .1"对象，如图 3-445 所示。在"属性"窗口的"对象"选项卡中设置"半径"为 5cm，如图 3-446 所示。

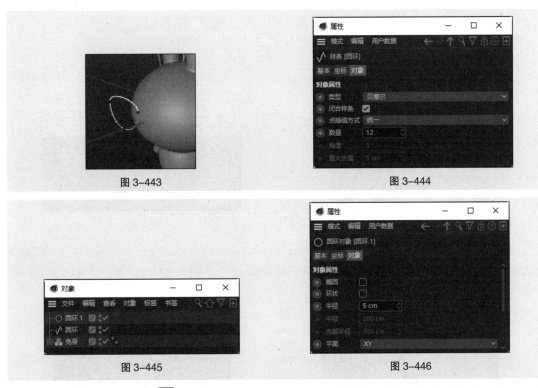

图 3-443 图 3-444

图 3-445 图 3-446

（5）选择"扫描"工具 ，在"对象"窗口中添加一个"扫描"对象。将"圆环.1"对象和"圆环"对象拖曳到"扫描"对象的下方作为"扫描"对象的子级，如图 3-447 所示。视图窗口中的效果如图 3-448 所示。折叠"扫描"对象组。

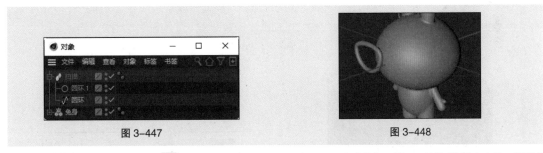

图 3-447 图 3-448

（6）选择"对称"工具 ，在"对象"窗口中添加一个"对称"对象，并将其重命名为"眼镜对称"，如图 3-449 所示。将"扫描"对象组设置为"眼镜对称"对象的子级，如图 3-450 所示。折叠"眼镜对称"对象组。

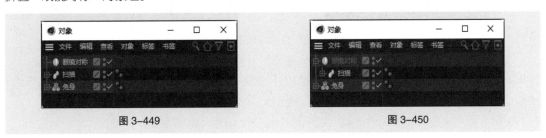

图 3-449 图 3-450

（7）选择"胶囊"工具 ，在"对象"窗口中添加一个"胶囊"对象。在"属性"窗口的"对象"选项卡中设置"半径"为 5cm、"高度"为 25cm、"方向"为"-X"，如图 3-451 所示。单击"模型"按钮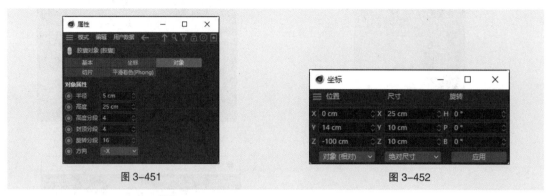，切换为模型模式。在"坐标"窗口的"位置"选项组中设置"X"为0cm、"Y"为14cm、"Z"为-100cm，如图3-452所示。

图 3-451　　　　　　　　　　　　　　　图 3-452

（8）选择"空白"工具，在"对象"窗口中添加一个"空白"对象，并将其命名为"眼镜"，如图3-453所示。将"胶囊"对象和"眼镜对称"对象组设置为"眼镜"对象的子级，如图3-454所示。折叠"眼镜"对象组。

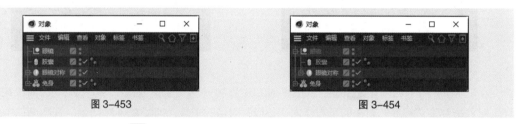

图 3-453　　　　　　　　　　　　　　　图 3-454

（9）选择"胶囊"工具，在"对象"窗口中添加一个"胶囊"对象。在"属性"窗口的"对象"选项卡中设置"半径"为5cm、"高度"为65cm、"高度分段"为20、"方向"为"+X"，如图3-455所示。在"坐标"窗口的"位置"选项组中设置"X"为51cm、"Y"为18cm、"Z"为-80cm，在"旋转"选项组中设置"H"为30°、"P"为0°、B"为-35°，如图3-456所示。

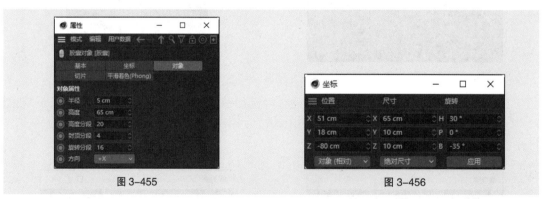

图 3-455　　　　　　　　　　　　　　　图 3-456

（10）选中"胶囊"对象，在按住Shift键的同时单击"弯曲"工具，为"胶囊"对象添加弯曲效果，如图3-457所示。在"属性"窗口的"对象"选项卡中设置"尺寸"为50cm、52cm、10cm，"强度"为68°，勾选"保持长度"复选框，如图3-458所示。

（11）在"坐标"窗口的"位置"选项组中设置坐标为"世界坐标"，设置"X"为52cm、"Y"为25cm、"Z"为-79cm；在"旋转"选项组中设置"H"为30°、"P"为0°、"B"为55°，如图3-459所示。视图窗口中的效果如图3-460所示。

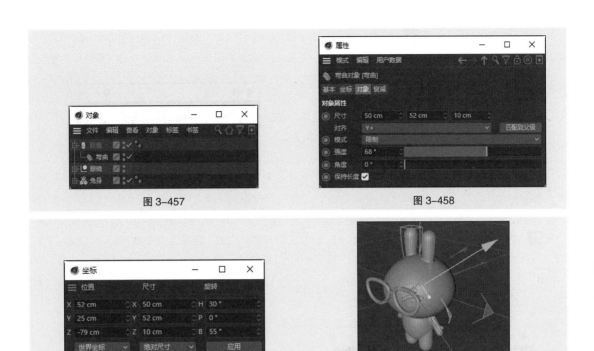

图 3-457 图 3-458

图 3-459 图 3-460

（12）选择"对称"工具 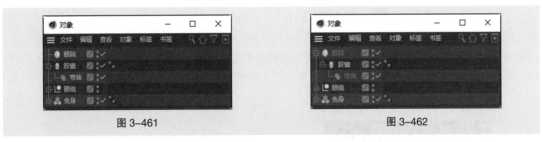，在"对象"窗口中添加一个"对称"对象，并将其重命名为"眼睛"，如图 3-461 所示。将"胶囊"对象组设置为"眼睛"对象的子级，如图 3-462 所示。折叠"胶囊"对象组和"眼睛"对象组。

图 3-461 图 3-462

4. 其他部位建模

（1）选择"球体"工具 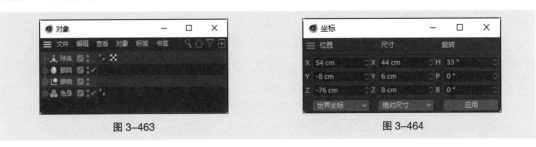，在"对象"窗口中添加一个"球体"对象。单击"转为可编辑对象"按钮 ，将"球体"对象转为可编辑对象，如图 3-463 所示。在"坐标"窗口的"位置"选项组中设置"X"为 54cm、"Y"为 -8cm、"Z"为 -76cm，在"尺寸"选项组中设置"X"为 44cm、"Y"为 6cm、"Z"为 8cm，在"旋转"选项组中设置"H"为 33°、"P"为 0°、"B"为 0°，如图 3-464 所示。

图 3-463 图 3-464

（2）选择"对称"工具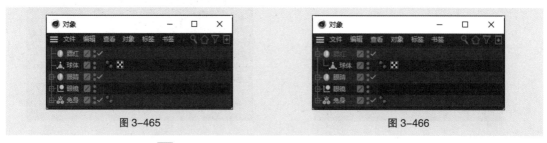，在"对象"窗口中添加一个"对称"对象，并将其重命名为"腮红"，如图 3-465 所示。将"球体"对象设置为"腮红"对象的子级，如图 3-466 所示。折叠"腮红"对象组。

图 3-465

图 3-466

（3）选择"球体"工具，在"对象"窗口中添加一个"球体"对象。单击"转为可编辑对象"按钮，将"球体"对象转为可编辑对象。在"坐标"窗口的"位置"选项组中设置"X"为 0cm、"Y"为 −11cm、"Z"为 −93cm，在"尺寸"选项组中设置"X"为 18cm、"Y"为 14cm、"Z"为 14cm，在"旋转"选项组中设置"H"为 0°、"P"为 12°、"B"为 0°，如图 3-467 所示。将"球体"对象重命名为"鼻子"，如图 3-468 所示。

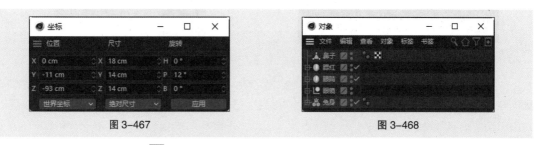

图 3-467

图 3-468

（4）选择"胶囊"工具，在"对象"窗口中添加一个"胶囊"对象。在"属性"窗口的"对象"选项卡中设置"半径"为 4cm、"高度"为 29cm、"高度分段"为 20、"方向"为"+Y"，如图 3-469 所示。在"坐标"窗口的"位置"选项组中设置"X"为 0cm、"Y"为 −29cm、"Z"为 −90cm，在"旋转"选项组中设置"H"为 10°、"P"为 10°、"B"为 0°，如图 3-470 所示。

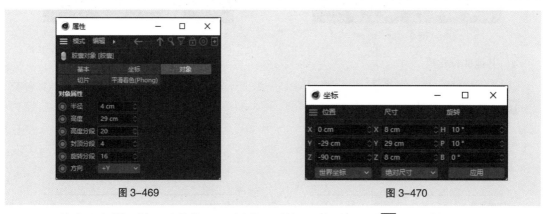

图 3-469

图 3-470

（5）选中"胶囊"对象，在按住 Shift 键的同时单击"弯曲"工具，为"胶囊"对象添加弯曲效果。在"属性"窗口的"对象"选项卡中设置"尺寸"为 8cm、17cm、8cm，"强度"为 158°，勾选"保持长度"复选框，如图 3-471 所示。

（6）在"坐标"窗口的"位置"选项组中设置"X"为 1cm、"Y"为 −29cm、"Z"为 −90cm，在"旋转"选项组中设置"H"为 10°、"P"为 −170°、"B"为 0°，如图 3-472 所示。

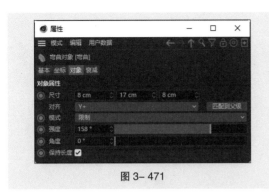

图 3- 471

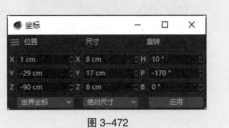

图 3-472

（7）选择"对称"工具 ，在"对象"窗口中添加一个"对称"对象，并将其重命名为"鼻缝"，如图 3-473 所示。将"胶囊"对象组设置为"鼻缝"对象的子级，如图 3-474 所示。折叠"胶囊"对象组和"鼻缝"对象组。

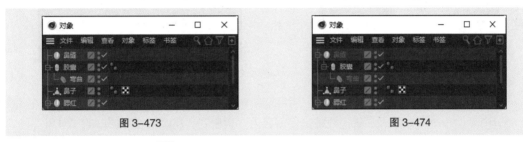

图 3-473   图 3-474

（8）选择"球体"工具 ，在"对象"窗口中添加一个"球体"对象。单击"转为可编辑对象"按钮 ，将"球体"对象转为可编辑对象。在"坐标"窗口的"位置"选项组中设置"X"为 0cm、"Y"为 −34.7cm、"Z"为 −83.2cm，在"尺寸"选项组中设置"X"为 14.5cm、"Y"为 35cm、"Z"为 4.6cm，在"旋转"选项组中设置"H"为 0°、"P"为 35°、"B"为 0°，如图 3-475 所示。将"球体"对象重命名为"嘴巴"，如图 3-476 所示。

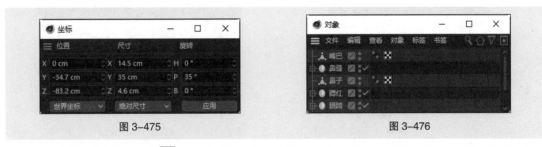

图 3-475   图 3-476

（9）选择"胶囊"工具 ，在"对象"窗口中添加一个"胶囊"对象。在"属性"窗口的"对象"选项卡中设置"半径"为 4cm、"高度"为 55cm、"高度分段"为 44、"方向"为"+Y"，如图 3-477 所示。在"坐标"窗口的"位置"选项组中设置"X"为 −3.7cm、"Y"为 −48cm、"Z"为 −72cm，在"旋转"选项组中设置"H"为 0°、"P"为 33°、"B"为 −10°，如图 3-478 所示。

（10）选中"胶囊"对象，在按住 Shift 键的同时单击"弯曲"工具 ，为"胶囊"对象添加弯曲效果。在"属性"窗口的"对象"选项卡中设置"尺寸"为 8cm、10cm、8cm，"强度"为 158°，勾选"保持长度"复选框，如图 3-479 所示。

（11）在"坐标"窗口的"位置"选项组中设置"X"为 −2.7cm、"Y"为 −48cm、"Z"为 −72cm，在"旋转"选项组中设置"H"为 0°、"P"为 −147°、"B"为 −10°，如图 3-480 所示。

图 3-477

图 3-478

图 3-479

图 3-480

（12）将"胶囊"对象重命名为"嘴边"，并折叠"嘴边"对象组。选择"球体"工具 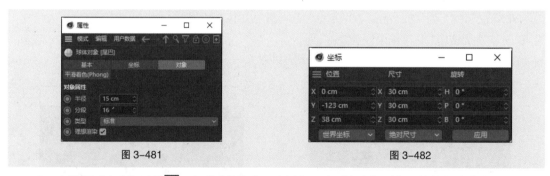，在"对象"窗口中添加一个"球体"对象，并将其重命名为"尾巴"。在"属性"窗口的"对象"选项卡中设置"半径"为 15cm，如图 3-481 所示。在"坐标"窗口的"位置"选项组中设置"X"为 0cm、"Y"为 -123cm、"Z"为 38cm，如图 3-482 所示。

图 3-481

图 3-482

（13）选择"空白"工具 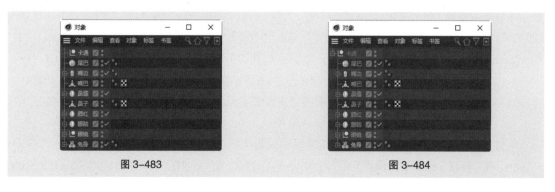，在"对象"窗口中添加一个"空白"对象，并将其命名为"卡通"，如图 3-483 所示。将所有对象及对象组设置为"卡通"对象的子级，如图 3-484 所示。折叠"卡通"对象组。

图 3-483

图 3-484

（14）选择"摄像机"工具 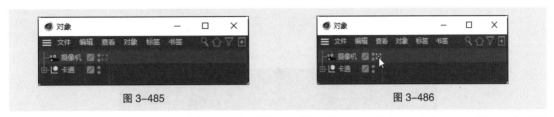，在"对象"窗口中添加一个"摄像机"对象，如图 3-485 所示，并单击"摄像机"对象右侧的 按钮，如图 3-486 所示。

图 3-485　　　　　　　　　　　　　　　图 3-486

（15）在"属性"窗口的"对象"选项卡中设置"焦距"为 80 毫米，如图 3-487 所示。在"坐标"窗口的"位置"选项组中设置"X"为 0cm、"Y"为 -7cm、"Z"为 -673cm，在"旋转"选项组中设置"H"为 0°、"P"为 0°、"B"为 0°，如图 3-488 所示。卡通模型制作完成，效果如图 3-489 所示。

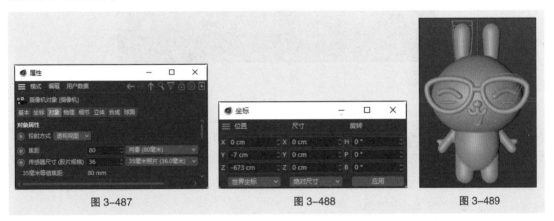

图 3-487　　　　　　　　　　　　　图 3-488　　　　　　　　　　　　图 3-489

3.5.2　体积生成

"体积生成"工具 可以将多个对象通过"加""减""相交"3 种模式合并为一个新对象。合并后的新对象效果更好，布线更均匀，但不能被渲染。"属性"窗口中会显示该新对象的属性，如图 3-490 所示。

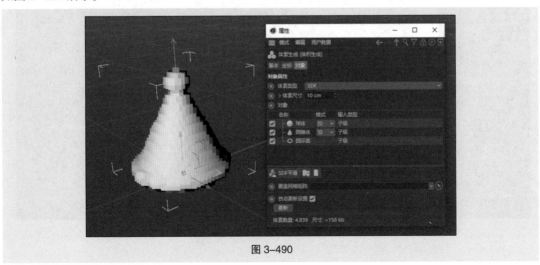

图 3-490

3.5.3　体积网格

"体积网格"工具 用于为"体积生成"工具所合并的对象添加网格，使其成为实体模型。合并后的对象添加"体积网格"后，即可渲染输出。"属性"窗口中会显示该对象的属性，如图 3-491 所示。

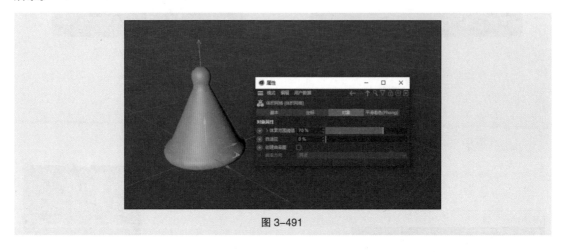

图 3-491

3.6　雕刻建模

Cinema 4D 的雕刻系统中提供了多种可以调整参数化对象的工具，以便用户制作出形态多样的模型，该系统最常用于制作液态类模型。

在菜单栏中单击"界面"选项右侧的下拉按钮，在弹出的下拉列表中选择"Sculpt"选项，如图 3-492 所示，系统界面将切换为雕刻界面，如图 3-493 所示。

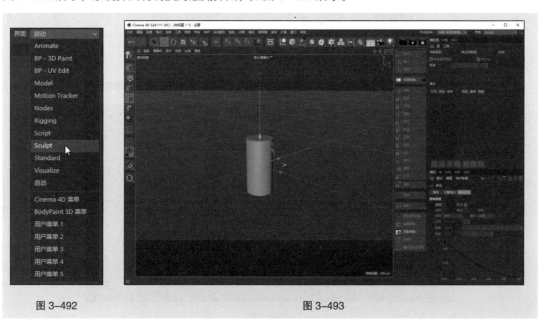

图 3-492　　　　　　　　　　　　　　　　图 3-493

3.6.1 课堂案例——制作蛋糕模型

【案例学习目标】使用雕刻工具制作蛋糕模型。

【案例知识要点】使用"文本"工具和"属性"窗口输入文字并设置文字属性，使用"旋转"工具旋转文字，使用"内部挤压"命令、"挤压"命令和"循环/路径切割"命令制作蛋糕体，使用"分裂"命令和"细分曲面"工具制作奶油，使用"克隆"工具和"胶囊"工具制作碎屑，使用"抓取"工具和"膨胀"工具制作奶油下滑效果。最终效果如图 3-494 所示。

图 3-494

【效果所在位置】云盘 \Ch03\ 制作蛋糕模型 \ 工程文件 .c4d。

（1）启动 Cinema 4D。选择"渲染 > 编辑渲染设置"命令，弹出"渲染设置"窗口，如图 3-495 所示。在"输出"选项组中设置"宽度"为 600 像素、"高度"为 600 像素，如图 3-496 所示，关闭窗口。

图 3-495

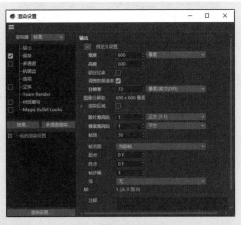

图 3-496

（2）选择"文本"工具 T，在"对象"窗口中添加一个"文本"对象，如图 3-497 所示。在"属性"窗口的"文本样条"文本框中输入"8"。视图窗口中的效果如图 3-498 所示。

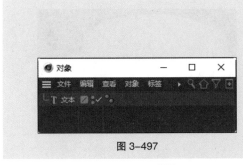

图 3-497

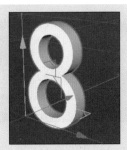

图 3-498

（3）选择"旋转"工具 ，视图窗口中的效果如图 3-499 所示。将鼠标指针放置在红色弧线上并单击，在按住 Shift 键的同时拖曳鼠标，将其旋转 90°，效果如图 3-500 所示。

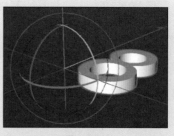

| 图 3-499 | 图 3-500 |

（4）按 C 键，将"文本"对象转为可编辑对象，如图 3-501 所示。用鼠标中键选中其子级。视图窗口中的效果如图 3-502 所示。

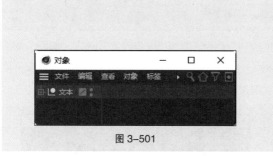

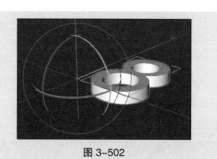

| 图 3-501 | 图 3-502 |

（5）用鼠标右键单击"对象"窗口中的"文本"对象，在弹出的快捷菜单中选择"连接对象＋删除"命令，将其与"8"对象连接，"对象"窗口中的效果如图 3-503 所示。将"8"对象重命名为"蛋糕"，如图 3-504 所示。

| 图 3-503 | 图 3-504 |

（6）单击"边"按钮 ，切换为边模式。选择"移动"工具 ，选择"选择 > 循环选择"命令，选中对象底层的边，如图 3-505 所示。在视图窗口中单击鼠标右键，在弹出的快捷菜单中选择"倒角"命令，在"属性"窗口中设置"偏移"为 5cm、"细分"为 10，效果如图 3-506 所示。

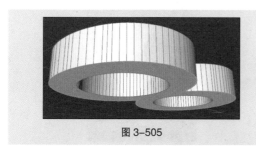

| 图 3-505 | 图 3-506 |

（7）单击"多边形"按钮 ，切换为多边形模式。选中对象上层的面，如图 3-507 所示。在视图窗口中单击鼠标右键，在弹出的快捷菜单中选择"内部挤压"命令，在"属性"窗口中设置"偏移"为 2cm，效果如图 3-508 所示。

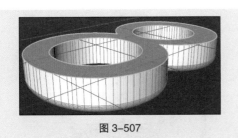

图 3-507

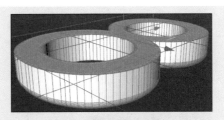

图 3-508

（8）在视图窗口中单击鼠标右键，在弹出的快捷菜单中选择"挤压"命令，在"属性"窗口中设置"偏移"为 15cm，效果如图 3-509 所示。单击"边"按钮 ![icon]，切换为边模式。按住 Shift 键双击需要的边，如图 3-510 所示。

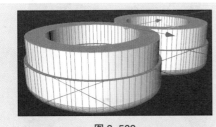

图 3-509

图 3-510

（9）在视图窗口中单击鼠标右键，在弹出的快捷菜单中选择"倒角"命令，在"属性"窗口中设置"偏移"为 0.5cm，如图 3-511 所示。视图窗口中的效果如图 3-512 所示。

图 3-511

图 3-512

（10）在视图窗口中单击鼠标右键，在弹出的快捷菜单中选择"循环/路径切割"命令，在视图窗口中选中需要切割的边，如图 3-513 所示。在"属性"窗口中设置"偏移"为 50%，效果如图 3-514 所示。

图 3-513

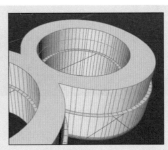

图 3-514

（11）在视图窗口中选中需要切割的边，如图 3-515 所示。在"属性"窗口中设置"偏移"为 50%，效果如图 3-516 所示。

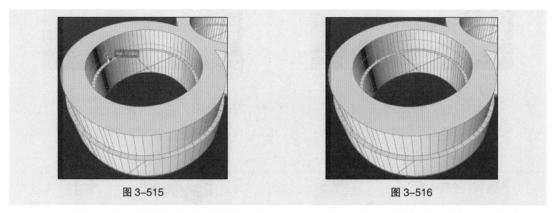

图 3-515　　　　　　　　　　　　　　　　　图 3-516

（12）在视图窗口中选中需要切割的边，如图 3-517 所示，在"属性"窗口中设置"偏移"为 50%，效果如图 3-518 所示。

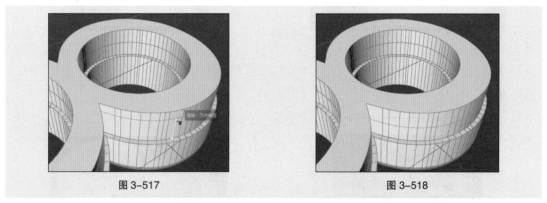

图 3-517　　　　　　　　　　　　　　　　　图 3-518

（13）单击"多边形"按钮 ⬚，切换为多边形模式。选择"选择 > 环状选择"命令，在视图窗口中按住 Shift 键选中需要的面，如图 3-519 所示。在视图窗口中单击鼠标右键，在弹出的快捷菜单中选择"分裂"命令，将选中的面分割为独立对象。"对象"窗口中将自动生成一个"蛋糕 .1"对象，将"蛋糕 .1"对象重命名为"脆皮"，如图 3-520 所示。

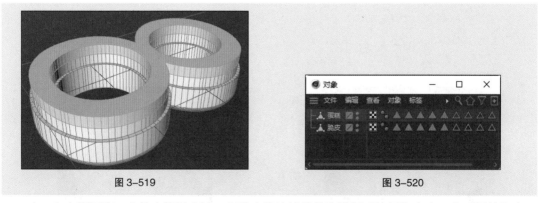

图 3-519　　　　　　　　　　　　　　　　　图 3-520

（14）在视图窗口中单击鼠标右键，在弹出的快捷菜单中选择"挤压"命令，在"属性"窗口中设置"偏移"为 1.5cm，效果如图 3-521 所示。选中"脆皮"对象上层的面，如图 3-522 所示。

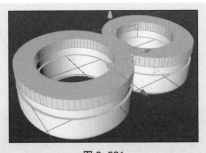
图 3-521

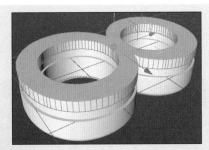
图 3-522

（15）在视图窗口中单击鼠标右键，在弹出的快捷菜单中选择"内部挤压"命令，在"属性"窗口中设置"偏移"为1.5cm，效果如图3-523所示。在"对象"窗口中选中"蛋糕"对象，如图3-524所示。

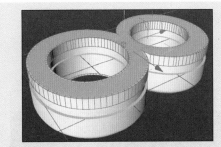
图 3-523

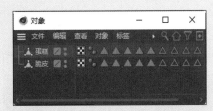
图 3-524

（16）在视图窗口中单击鼠标右键，在弹出的快捷菜单中选择"循环/路径切割"命令，在视图窗口中选中需要切割的面，如图3-525所示。在"属性"窗口中设置"偏移"为60%，效果如图3-526所示。

图 3-525

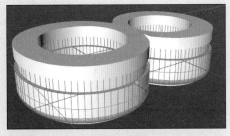
图 3-526

（17）选择"选择＞环状选择"命令，在视图窗口中选中需要的面，如图3-527所示。在视图窗口中单击鼠标右键，在弹出的快捷菜单中选择"分裂"命令，将选中的面分割为独立对象，"对象"窗口中将自动生成一个"蛋糕.1"对象，将"蛋糕.1"对象重命名为"奶油"，如图3-528所示。

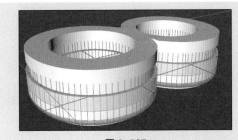
图 3-527

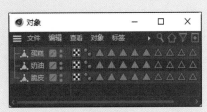
图 3-528

（18）在视图窗口中单击鼠标右键，在弹出的快捷菜单中选择"挤压"命令，在"属性"窗口中设置"偏移"为1.5cm，效果如图3-529所示。选择两次"细分曲面"工具 ，在"对象"窗口中添加"细分曲面"对象和"细分曲面.1"对象，如图3-530所示。

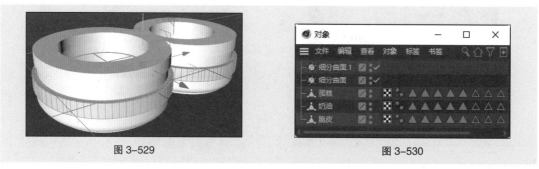

图3-529　　　　　　　　　　　　　　　　图3-530

（19）在"对象"窗口中分别将"奶油"对象和"脆皮"对象拖曳到"细分曲面"对象和"细分曲面.1"对象的下方，如图3-531所示。分别将"细分曲面"对象和"细分曲面.1"对象重命名为"奶油"和"脆皮"，如图3-532所示。

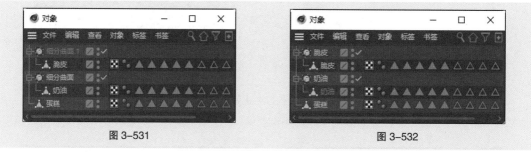

图3-531　　　　　　　　　　　　　　　　图3-532

（20）用鼠标中键选中"奶油"对象组。单击鼠标右键，在弹出的快捷菜单中选择"连接对象 +删除"命令，将"奶油"对象与其子级连接，如图3-533所示。用相同的方法对"脆皮"对象组进行操作，效果如图3-534所示。

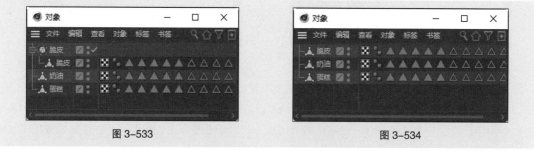

图3-533　　　　　　　　　　　　　　　　图3-534

（21）在"对象"窗口中选中"蛋糕"对象，并选中"蛋糕"对象上层的面。在视图窗口中单击鼠标右键，在弹出的快捷菜单中选择"分裂"命令，将选中的面分割为独立对象，"对象"窗口中将自动生成一个"蛋糕.1"对象，将"蛋糕.1"对象重命名为"碎屑分布面"，如图3-535所示。

（22）选择"克隆"工具 ，在"对象"窗口中添加一个"克隆"对象，如图3-536所示。在"属性"窗口中设置"模式"为"对象"，在"对象"窗口中将"碎屑分布面"对象拖曳到"属性"窗口的"对象"文本框中，如图3-537所示。在"对象"窗口中将"克隆"对象重命名为"碎屑"，如图3-538所示。

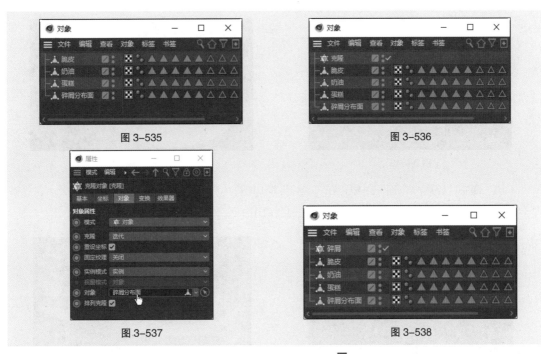

图 3-535

图 3-536

图 3-537

图 3-538

（23）在"对象"窗口中双击"碎屑分布面"对象右侧的 按钮，将其隐藏，如图 3-539 所示。
选择"胶囊"工具 ，在"对象"窗口中添加一个"胶囊"对象，如图 3-540 所示。

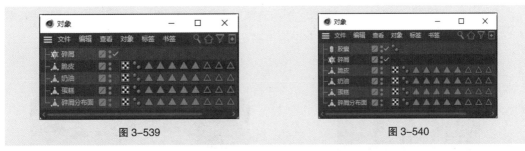

图 3-539

图 3-540

（24）在"对象"窗口中将"胶囊"对象拖到"碎屑"对象的下方，如图 3-541 所示。视图窗
口中的效果如图 3-542 所示。

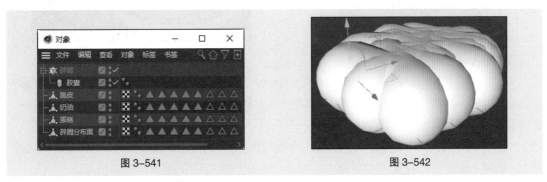

图 3-541

图 3-542

（25）单击"模型"工具 ，切换为模型模式。选中"胶囊"对象，在"坐标"窗口的"尺寸"
选项组中设置"X"为 2cm、"Y"为 4cm、"Z"为 2cm，如图 3-543 所示。视图窗口中的效果如
图 3-544 所示。

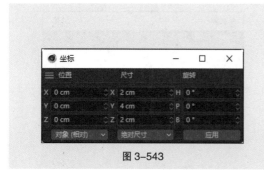

图 3-543

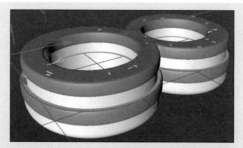

图 3-544

（26）选中"碎屑分布面"对象，在"坐标"窗口的"位置"选项组中设置"X"为 0cm、"Y"为 1.5cm、"Z"为 0cm，如图 3-545 所示。视图窗口中的效果如图 3-546 所示。

图 3-545

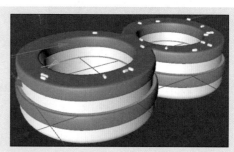

图 3-546

（27）选中"碎屑"对象组，在"属性"窗口中设置"数量"为 50、"种子"为 1234568，如图 3-547 所示。视图窗口中的效果如图 3-548 所示。

图 3-547

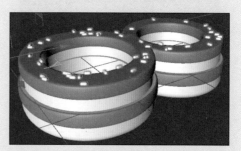

图 3-548

（28）在"界面"选项的下拉列表中选择"Sculpt"选项，切换至雕刻界面。在视图窗口中选中"脆皮"对象，如图 3-549 所示。选择"抓取"工具，在"属性"窗口中设置"尺寸"为 25，在视图窗口中拖曳出奶油下滑的效果，如图 3-550 所示。

（29）选择"膨胀"工具，在视图窗口中拖曳出膨胀的效果，如图 3-551 所示。选中"奶油"对象，选择"抓取"工具，在视图窗口中拖曳出奶油下滑的效果，如图 3-552 所示。

（30）在"界面"选项的下拉列表中选择"启动"选项，切换至启动界面。在"对象"窗口中框选所有对象，如图 3-553 所示。按 Alt+G 组合键将它们编组，并将组名修改为"蛋糕"，如图 3-554 所示。至此，蛋糕模型制作完成。

图 3-549

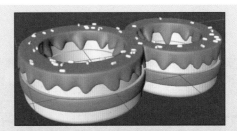

图 3-550

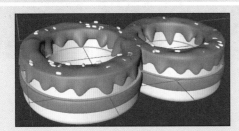

图 3-551

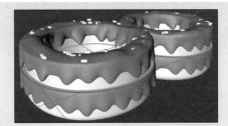

图 3-552

图 3-553

图 3-554

3.6.2　笔刷

使用 Cinema 4D 雕刻系统中预置的笔刷，可以对参数化对象进行多种操作，常用的笔刷如图 3-555 所示。

1. 细分

该笔刷用于设置参数化对象的细分数量，数值越大，参数化对象中的网格越多，如图 3-556 所示。

图 3-555

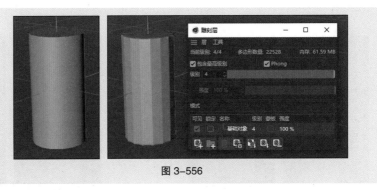

图 3-556

2. 减少

该笔刷用于减少参数化对象的网格数量，如图 3-557 所示。

3. 增加

该笔刷用于增加参数化对象的网格数量，如图 3-558 所示。

图 3-557   图 3-558

4. 抓取

该笔刷用于拖曳选中的参数化对象，如图 3-559 所示。

5. 平滑

该笔刷用于使选中点之间的连线变平滑，如图 3-560 所示。

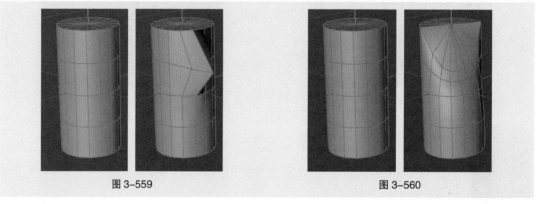

图 3-559   图 3-560

6. 切刀

该笔刷用于使参数化对象表面产生细小的褶皱，如图 3-561 所示。

7. 挤捏

该笔刷用于将参数化对象的顶点挤在一起，如图 3-562 所示。

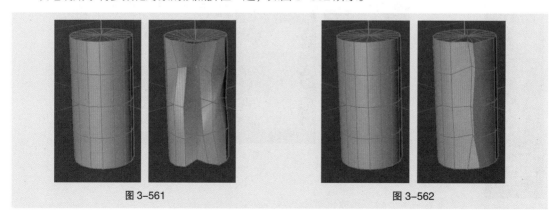

图 3-561   图 3-562

8. 膨胀

该笔刷用于沿着参数化对象的法线方向移动参数化对象的点，如图 3-563 所示。

图 3-563

3.7 课堂练习——制作酒杯模型

【练习知识要点】使用"样条画笔"工具和"柔性差值"命令制作酒杯的样条，使用"坐标"窗口调整酒杯对象的位置，使用"创建轮廓"工具为样条创建轮廓，使用"连接对象+删除"命令合并样条，使用"倒角"命令调整杯口，使用"旋转"工具制作立体效果。最终效果如图 3-564 所示。

【效果所在位置】云盘 \Ch03\ 制作酒杯模型 \ 工程文件 .c4d。

扫码观看
本案例视频

图 3-564

3.8 课后习题——制作榨汁机模型

【习题知识要点】使用"圆柱体"工具、"缩放"工具、"倒角"命令、"循环选择"命令、"内部挤压"命令和"细分曲面"工具制作榨汁机底座，使用"圆盘"工具、"循环路径切割"命令、"圆柱体"工具、"立方体"工具、"克隆"工具和"反转法线"命令制作刀片和榨汁机盖。最终效果如图 3-565 所示。

【效果所在位置】云盘 \Ch03\ 制作榨汁机模型 \ 工程文件 .c4d。

扫码观看
本案例视频 1

扫码观看
本案例视频 2

扫码观看
本案例视频 3

图 3-565

第 4 章

04

Cinema 4D 灯光 技术实战

▶ **本章介绍**

    Cinema 4D 中的灯光用于为已经创建好的三维模型添加合适的照明效果。合适的灯光可以让模型产生合理的阴影、投影与光照效果等，使模型的显示效果更加真实、生动。本章分别对 Cinema 4D 的灯光类型、灯光参数及灯光的使用方法等灯光技术进行系统讲解。通过对本章的学习，读者可以对 Cinema 4D 的灯光技术有一个全面的认识，并能快速掌握常用光影效果的制作技术与技巧。

知识目标

- 掌握灯光类型。
- 掌握灯光参数。

慕课视频

Cinema 4D 灯光技术实战

能力目标

- 掌握两点布光的方法。
- 掌握三点布光的方法。

素质目标

- 培养对 Cinema 4D 灯光技术锐意进取、精益求精的工匠精神。
- 培养一定的 Cinema 4D 灯光技术设计创新能力和艺术审美能力。

4.1 灯光类型

Cinema 4D 中预置了多种类型的灯光，可以在"属性"窗口中调整相关参数以改变灯光的属性。

长按工具栏中的"灯光"按钮 💡，弹出灯光列表，如图 4-1 所示。在灯光列表中单击需要创建的灯光的图标，即可在视图窗口中创建对应的灯光对象。

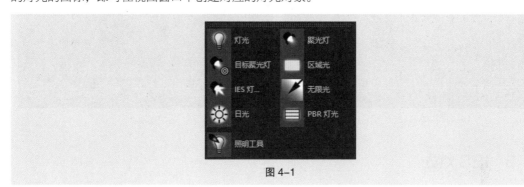

图 4-1

4.1.1 灯光

"灯光" 💡 灯光 是一个点光源，是常用的灯光类型之一。其光线可以从单一的点向多个方向发射，光照效果类似于日常生活中的灯泡，如图 4-2 所示。

4.1.2 聚光灯

"聚光灯" 🔦 聚光灯 可以向一个方向发射出锥形的光线，照射区域外的对象不受灯光的影响，其光照效果类似于日常生活中的探照灯，如图 4-3 所示。

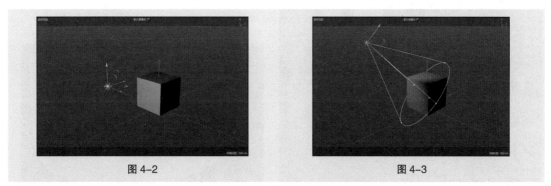

图 4-2   图 4-3

4.1.3 目标聚光灯

"目标聚光灯" ◑ 目标聚光灯 同样可以向一个方向发射出锥形的光线，照射区域外的对象不受灯光的影响。目标聚光灯有一个目标点，可以调整光线的方向，十分方便快捷，如图 4-4 所示。

4.1.4 区域光

"区域光" ▢ 区域光 是一个面光源，其光线可以从一个区域向多个方向发射，从而形成一个有规则的照射平面。区域光的光线柔和，类似于日常生活中通过反光板折射出的光。在 Cinema 4D 中，默认创建的区域光如图 4-5 所示。

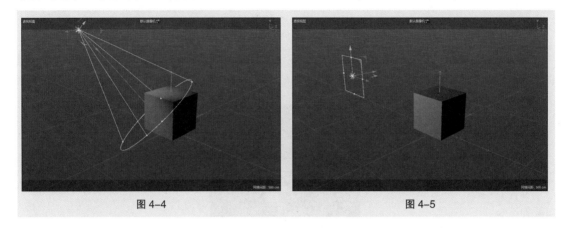

图 4-4   图 4-5

4.1.5　IES 灯光

在 Cinema 4D 中，用户可以使用预置的多种 IES 灯光文件来产生不同的光照效果。选择"窗口 > 资产浏览器"命令，在弹出的"资产浏览器"窗口中下载并选中需要的 IES 灯光文件，如图 4-6 所示。将 IES 灯光拖曳到视图窗口中，效果如图 4-7 所示。

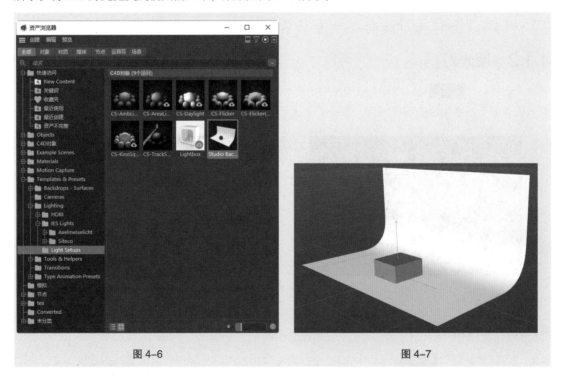

图 4-6   图 4-7

4.1.6　无限光

"无限光" 无限光是一种具有方向性的灯光。其光线可以沿特定的方向平行传播，且没有距离的限制，光照效果类似于太阳，如图 4-8 所示。

4.1.7　日光

"日光"同样是一种具有方向性的灯光，常用于模拟太阳光，如图 4-9 所示。

图 4-8

图 4-9

4.2　灯光参数

在场景中创建灯光后，"属性"窗口中会显示该灯光对象的属性，其常用的属性位于"常规""细节""可见""投影""光度""焦散""噪波""镜头光晕""工程"9 个选项卡内。

4.2.1　常规

在场景中创建灯光后，在"属性"窗口中选择"常规"选项卡，如图 4-10 所示。该选项卡主要用于设置灯光对象的基本属性，包括"颜色""类型""投影"等。

4.2.2　细节

在场景中创建灯光后，在"属性"窗口中选择"细节"选项卡，如图 4-11 所示。创建的灯光类型不同，该选项卡中的属性会发生变化。除区域光外，其他几类灯光的"细节"选项卡中包含的属性比较相似，但部分被激活的属性有些不同。该选项卡主要用于设置灯光对象的"对比"和"投影轮廓"等属性。

图 4-10

图 4-11

4.2.3 细节（区域光）

在场景中创建区域光后，在"属性"窗口中选择"细节"选项卡，如图 4-12 所示。该选项卡主要用于设置灯光对象的"形状"和"采样"等属性。

4.2.4 可见

在场景中创建灯光后，在"属性"窗口中选择"可见"选项卡，如图 4-13 所示。该选项卡主要用于设置灯光对象的"衰减"和"颜色"等属性。

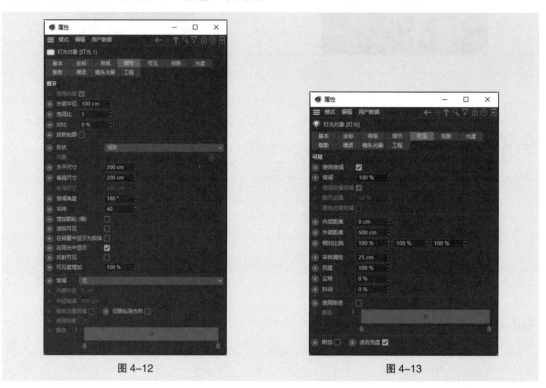

图 4-12　　　　　　　　　　　　　　　　　图 4-13

4.2.5 投影

在场景中创建灯光后，在"属性"窗口中选择"投影"选项卡。每种灯光都有 4 种投影方式，依次为"无""阴影贴图（软阴影）""光线跟踪（强烈）""区域"，如图 4-14 所示。该选项卡主要用于设置灯光对象的"投影"属性。

4.2.6 光度

在场景中创建灯光后，在"属性"窗口中选择"光度"选项卡，如图 4-15 所示。该选项卡主要用于设置灯光对象的"光度强度"等属性。

4.2.7 焦散

在场景中创建灯光后，在"属性"窗口中选择"焦散"选项卡，如图 4-16 所示。该选项卡主要用于设置灯光对象的"表面焦散"及"体积焦散"等属性。

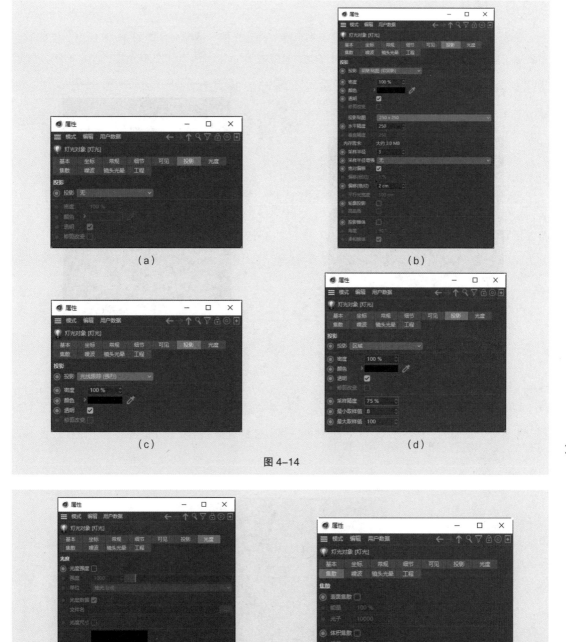

（a）

（b）

（c）

（d）

图 4-14

图 4-15

图 4-16

4.2.8 噪波

　　在场景中创建灯光后，在"属性"窗口中选择"噪波"选项卡，如图 4-17 所示。该选项卡主要用于设置灯光对象的"噪波"属性，从而生成特殊的光照效果。

4.2.9 镜头光晕

在场景中创建灯光后，在"属性"窗口中选择"镜头光晕"选项卡，如图 4-18 所示。该选项卡主要用于模拟日常生活中用摄像机拍摄时产生的光晕效果，可以增强画面的氛围感，适用于深色背景。

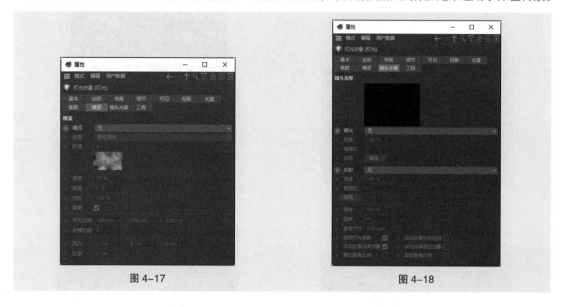

图 4-17　　　　　　　　　　　　　　　　　　图 4-18

4.2.10 工程

在场景中创建灯光后，在"属性"窗口中选择"工程"选项卡，如图 4-19 所示。该选项卡主要用于设置灯光对象的"模式"和"对象"属性，可以使灯光单独照亮某个对象，也可以使灯光不照亮某个对象。

图 4-19

4.3 使用灯光

在生活中，我们看到的光基本为太阳光或各种照明设备产生的光。而在 Cinema 4D 中，灯光可以用来照亮场景，也可以用来烘托气氛，因此，灯光是展现场景效果的重要工具。在设计过程中，用户可以组合使用 Cinema 4D 中预置的灯光，从而制作出丰富的光照效果。

4.3.1 课堂案例——三点布光（场景）

【案例学习目标】使用灯光工具为场景添加光照效果。

【案例知识要点】使用"合并项目"命令导入素材文件，使用"区域光"工具和"属性"窗口添加灯光并设置灯光参数。最终效果如图 4-20 所示。

【效果所在位置】云盘 \Ch04\ 三点布光（场景）\ 工程文件 .c4d。

扫码观看
本案例视频

图 4-20

（1）启动 Cinema 4D。选择"文件 > 合并项目"命令，在弹出的"打开文件"对话框中选中云盘中的"Ch04\ 三点布光（场景）\ 素材 \01.c4d"文件，单击"打开"按钮打开文件，如图 4-21 所示。

（2）单击"编辑渲染设置"按钮 ，弹出"渲染设置"窗口，如图 4-22 所示，在"输出"选项组中设置"宽度"为 1024 像素、"高度"为 1369 像素，如图 4-23 所示，关闭窗口。

（3）选择"区域光"工具 ，在"对象"窗口中添加一个"灯光"对象，如图 4-24 所示。将"灯光"对象重命名为"主光源"，如图 4-25 所示。

图 4-21

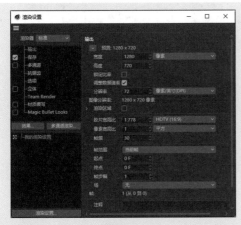

图 4-22

图 4-23

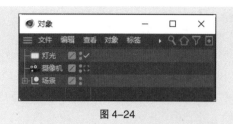

图 4-24 图 4-25

（4）在"属性"窗口的"常规"选项卡中设置"强度"为120%、"投影"为"区域"，其他选项的设置如图4-26所示；在"细节"选项卡中设置"外部半径"为285cm、"衰减"为"平方倒数（物理精度）"、"半径衰减"为2620cm，其他选项的设置如图4-27所示。

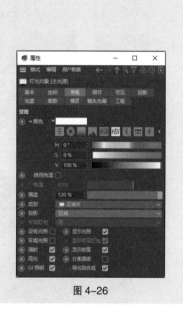

图 4-26 图 4-27

（5）在"属性"窗口的"坐标"选项卡中设置"P.X"为3055cm、"P.Y"为3380cm、"P.Z"为-1700cm，"R.H"为-91°、"R.P"为-68°、"R.B"为0°，其他选项的设置如图4-28所示。视图窗口中的效果如图4-29所示。

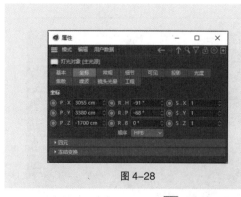

图 4-28 图 4-29

（6）选择"区域光"工具 ▢ ，在"对象"窗口中添加一个"灯光"对象，如图4-30所示。将"灯光"对象重命名为"辅光源"，如图4-31所示。

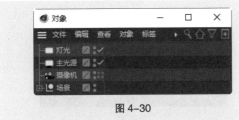

图 4-30

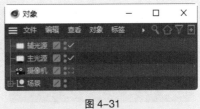

图 4-31

（7）在"属性"窗口的"常规"选项卡中设置"强度"为110%、"投影"为"区域"，其他选项的设置如图4-32所示；在"细节"选项卡中设置"外部半径"为285cm、"垂直尺寸"为743cm、"衰减"为"平方倒数（物理精度）"、"半径衰减"为2620cm，其他选项的设置如图4-33所示。

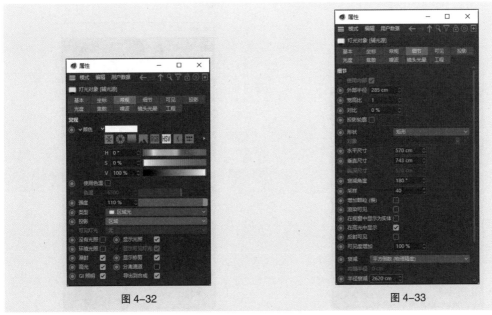

图 4-32   图 4-33

（8）在"属性"窗口的"坐标"选项卡中设置"P.X"为4460cm、"P.Y"为2275cm、"P.Z"为–3650cm、"R.H"为55°、"R.P"为–34°、"R.B"为0°，其他选项的设置如图4-34所示。视图窗口中的效果如图4-35所示。

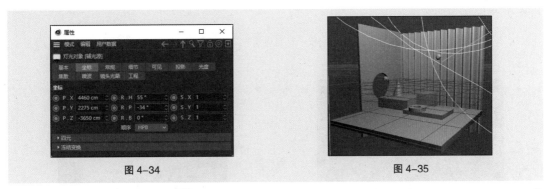

图 4-34   图 4-35

（9）选择"区域光"工具　，在"对象"窗口中添加一个"灯光"对象，如图4-36所示。将"灯光"对象重命名为"背光源"，如图4-37所示。

图 4-36   图 4-37

（10）在"属性"窗口的"常规"选项卡中设置"强度"为90%、"投影"为"区域"，其他选项的设置如图4-38所示；在"细节"选项卡中设置"外部半径"为285cm、"垂直尺寸"为743cm、"衰减"为"平方倒数（物理精度）"、"半径衰减"为2620cm，其他选项的设置如图4-39所示。

图 4-38   图 4-39

（11）在"属性"窗口的"坐标"选项卡中设置"P.X"为-180cm、"P.Y"为3020cm、"P.Z"为-7830cm、"R.H"为-17°、"R.P"为-25°、"R.B"为0°，其他选项的设置如图4-40所示。视图窗口中的效果如图4-41所示。

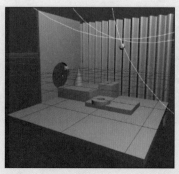

图 4-40   图 4-41

（12）在"对象"窗口中框选所有灯光对象，如图 4-42 所示。按 Alt+G 组合键将它们编组，并将组名修改为"灯光"，如图 4-43 所示。至此，三点布光效果制作完成。

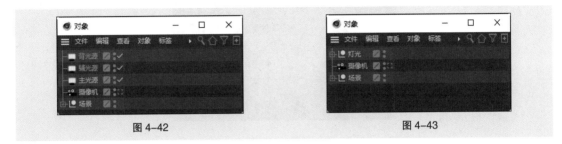

图 4-42   图 4-43

4.3.2　三点布光法

三点布光法又被称为区域照明法。为模拟现实中真实的光照效果，需要用多个灯光来照亮主体物。三点布光通常是指在主体物一侧用主光源照亮场景，在主体物对侧用光线较弱的辅助光照亮其暗部，再用光线更弱的背景光照亮主体物的轮廓，如图 4-44 所示。这种布光方法适用于为范围较小的场景照明，如果场景很大，则需要将其拆分为多个较小的区域进行布光。

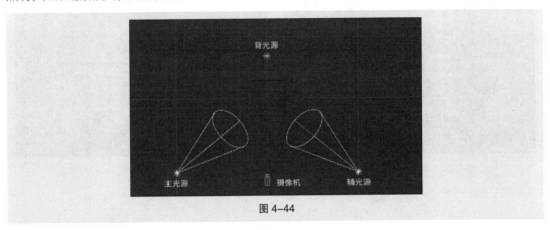

图 4-44

4.3.3　课堂案例——两点布光（U 盘）

【案例学习目标】使用灯光工具制作两点布光效果。

【案例知识要点】使用"合并项目"命令导入素材文件，使用"区域光"工具和"属性"窗口添加灯光并设置灯光参数。最终效果如图 4-45 所示。

扫码观看
本案例视频

【效果所在位置】云盘 \Ch04\ 两点布光（U 盘）\工程文件 . c4d。

图 4-45

（1）启动 Cinema 4D。选择"文件 > 合并项目"命令，在弹出的"打开文件"对话框中选中云盘中的"Ch04\ 两点布光（U 盘）\ 素材 \01.c4d"文件，单击"打开"按钮打开文件，如图 4-46 所示。

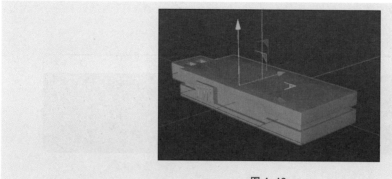

图 4-46

（2）单击"编辑渲染设置"按钮 ⚙，弹出"渲染设置"对话框，如图 4-47 所示。在"输出"选项组中设置"宽度"为 800 像素、"高度"为 800 像素，如图 4-48 所示，关闭对话框。

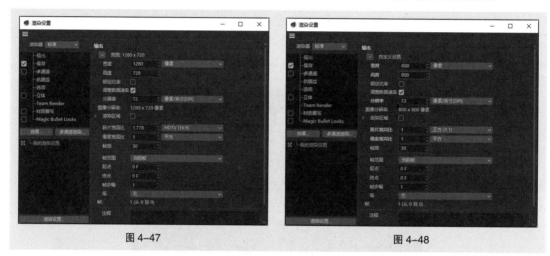

图 4-47　　　　　　　　　　　　　　　　图 4-48

（3）选择"区域光"工具 ▢，在"对象"窗口中添加一个"灯光"对象，如图 4-49 所示。将"灯光"对象重命名为"主光源"，如图 4-50 所示。

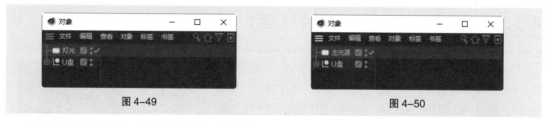

图 4-49　　　　　　　　　　　　　　　　图 4-50

（4）在"属性"窗口的"常规"选项卡中设置"H"为 42°、"S"为 7%、"强度"为 50%、"投影"为"区域"，如图 4-51 所示，在"细节"选项卡中设置"衰减"为"平方倒数（物理精度）"，如图 4-52 所示。

（5）在"属性"窗口的"坐标"选项卡中设置"P.X"为 -234cm、"P.Y"为 194cm、"P.Z"为 -47cm、"R.H"为 -95°、"R.P"为 -23°、"R.B"为 0°，如图 4-53 所示。视图窗口中的效果如图 4-54 所示。

（6）选择"区域光"工具 ▢，在"对象"窗口中添加一个"灯光"对象，如图 4-55 所示。将"灯光"对象重命名为"辅光源"，如图 4-56 所示。

图 4-51

图 4-52

图 4-53

图 4-54

图 4-55

图 4-56

（7）在"属性"窗口的"常规"选项卡中设置"强度"为 90%、"投影"为"区域"，如图 4-57 所示，在"细节"选项卡中设置"衰减"为"平方倒数（物理精度）"，如图 4-58 所示。

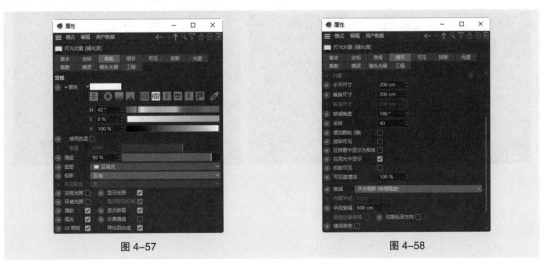

图 4-57

图 4-58

（8）在"属性"窗口的"坐标"选项卡中设置"P.X"为675cm、"P.Y"为143cm、"P.Z"为335cm、"R.H"为120°、"R.P"为−12°、"R.B"为−53°，如图4-59所示。视图窗口中的效果如图4-60所示。

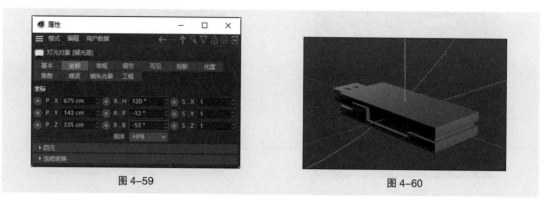

图 4-59　　　　　　　　　　　　　　　　　　图 4-60

（9）在"对象"窗口中框选需要的对象，如图4-61所示。按Alt+G组合键将它们编组，并将组名修改为"灯光"，如图4-62所示。至此，两点布光效果制作完成。

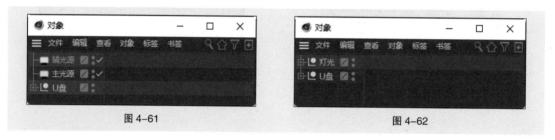

图 4-61　　　　　　　　　　　　　　　　　　图 4-62

4.3.4　两点布光法

在Cinema 4D中，对场景进行布光的方法有很多，除三点布光法外，只用主光源和辅光源也可以进行布光，即两点布光法，如图4-63所示，这种布光方法可以使模型呈现出十分立体的效果。另外，在布光时需要遵循基本的布光原则，如灯光的类型、位置、角度和高度等。

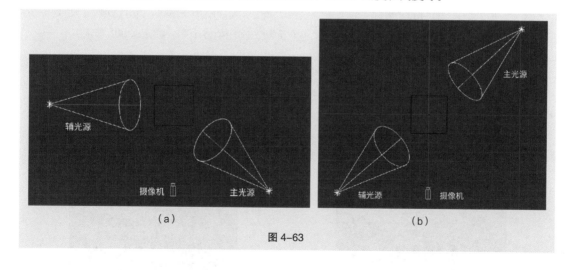

图 4-63

4.4 课堂练习——两点布光（卡通模型）

【练习知识要点】使用"合并项目"命令导入素材文件，使用"区域光"工具和"属性"窗口添加灯光并设置灯光参数。最终效果如图 4-64 所示。

【效果所在位置】云盘 \Ch04\ 两点布光（卡通模型）\ 工程文件 .c4d。

图 4-64

4.5 课后习题——三点布光（标题）

【习题知识要点】使用"合并项目"命令导入素材文件，使用"区域光"工具和"属性"窗口添加灯光并设置灯光参数。最终效果如图 4-65 所示。

【效果所在位置】云盘 \Ch04\ 三点布光（标题）\ 工程文件 .c4d。

图 4-65

05

第5章

Cinema 4D 材质技术实战

▶ ## 本章介绍

    Cinema 4D 中的材质用于为已经创建好的三维模型添加合适的外观表现形式，如金属、塑料、玻璃及布料等。为模型赋予材质会对模型的外观产生重大影响，使渲染出的模型更具美感。本章分别对 Cinema 4D 的"材质"窗口、材质编辑器及材质标签等材质技术进行系统讲解。通过对本章的学习，读者可以对 Cinema 4D 的材质技术有一个全面的认识，并能快速掌握常用材质的赋予技术与技巧。

知识目标

- 掌握"材质"窗口中的操作。
- 掌握材质编辑器中的操作。
- 掌握材质标签。

慕课视频

Cinema 4D 材质技术实战

能力目标

- 掌握材质的创建方法。
- 掌握材质的赋予方法。
- 掌握金属材质、塑料材质、绒布材质的制作方法。

素质目标

- 培养对 Cinema 4D 材质技术锐意进取、精益求精的工匠精神。
- 培养一定的 Cinema 4D 材质技术设计创新能力和艺术审美能力。

5.1 "材质"窗口

"材质"窗口位于 Cinema 4D 工作界面底部的左侧，可以通过该面板对材质进行创建、分类、重命名及预览等操作。

5.1.1 材质的创建

在"材质"窗口中双击或按 Ctrl+N 组合键可创建一个新材质，默认创建的材质是 Cinema 4D 中的常用材质，如图 5-1 所示。

图 5-1

5.1.2 材质的赋予

如果想要将创建好的材质赋予参数化对象，有以下 3 种常用的方法。

（1）将材质直接拖曳到视图窗口中的参数化对象上，即可为该对象赋予材质，如图 5-2 所示。

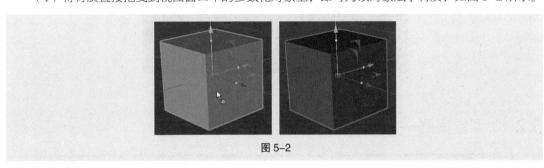

图 5-2

（2）拖曳材质到"对象"窗口中的对象上，即可为该对象赋予材质，如图 5-3 所示。

（3）在视图窗口中选中需要赋予材质的参数化对象，在"材质"窗口中的材质图标上单击鼠标右键，在弹出的快捷菜单中选择"应用"命令，即可为该对象赋予材质，如图 5-4 所示。

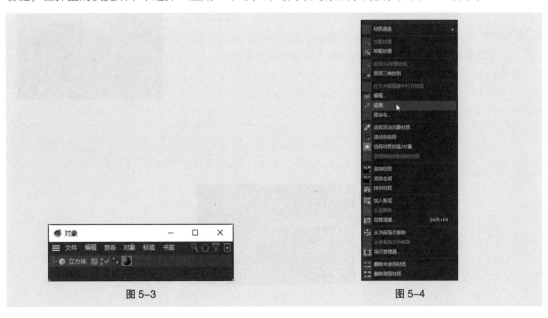

图 5-3 图 5-4

5.2 材质编辑器

在"材质"窗口中双击材质图标,弹出"材质编辑器"窗口。该窗口左侧为材质预览区和材质通道,包括"颜色""漫射""发光""透明"等12个通道;右侧为通道属性区,用于根据选择的通道调整材质的属性,如图5-5所示。

图 5-5

5.2.1 课堂案例——制作金属材质

【案例学习目标】使用"材质"窗口为对象添加材质。

【案例知识要点】使用"材质"窗口创建材质,使用"材质编辑器"窗口与"属性"窗口调整材质的属性等。最终效果如图5-6所示。

【效果所在位置】云盘\Ch05\制作金属材质\工程文件.c4d。

扫码观看
本案例视频

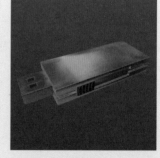

图 5-6

(1)启动 Cinema 4D。选择"文件 > 合并项目"命令,在弹出的"打开文件"对话框中选中云盘中的"Ch05\制作金属材质\素材\01.c4d"文件,单击"打开"按钮打开文件,如图5-7所示。

图 5-7

（2）单击"编辑渲染设置"按钮 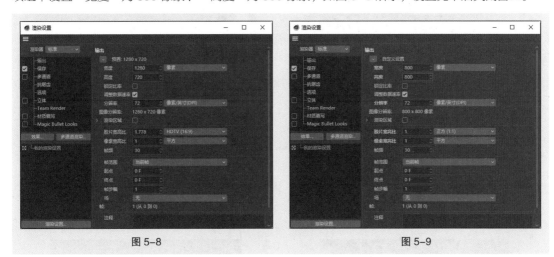，弹出"渲染设置"窗口，如图 5-8 所示。在"输出"选项组中设置"宽度"为 800 像素、"高度"为 800 像素，如图 5-9 所示，设置完毕后关闭窗口。

图 5-8

图 5-9

（3）在"材质"窗口中双击，或单击"材质"窗口中的"新的默认材质"按钮，添加一个材质球，如图 5-10 所示。在添加的材质球上双击，弹出"材质编辑器"窗口，如图 5-11 所示。

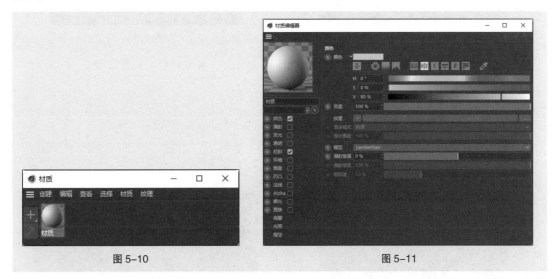

图 5-10

图 5-11

（4）在窗口左侧的"名称"文本框中输入"主体"，在左侧列表中勾选"颜色"复选框，切换到相应的属性设置界面，设置"H"为 47°、"V"为 98%、"漫射衰减"为 82%，其他选项的设置如图 5-12 所示；在左侧列表中勾选"反射"复选框，切换到相应的属性设置界面，在"类型"下拉列表中选择"GGX"选项，设置"全局高光亮度"为 0%、"反射强度"为 65%、"高光强度"为 0%，展开"层菲涅耳"选项组，设置"菲涅耳"为"导体"、"预置"为"银"，如图 5-13 所示。设置完毕后关闭窗口。

（5）在"对象"窗口中展开"U 盘"对象组，选中"U 盘主体"对象，将"材质"窗口中的"主体"材质拖曳到"对象"窗口中的"U 盘主体"对象上，如图 5-14 所示。"对象"窗口中的效果如图 5-15 所示。

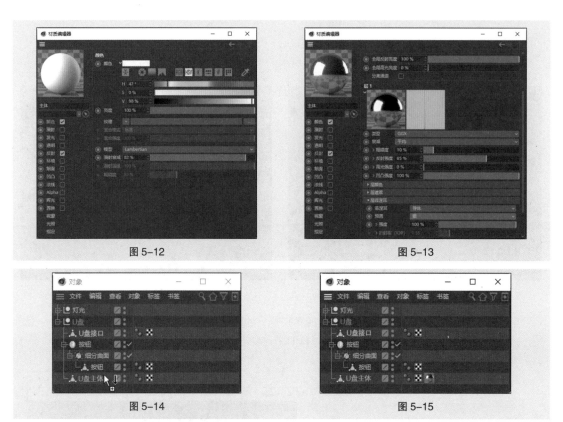

图 5-12　　　　　　　　　　　　　　　　图 5-13

图 5-14　　　　　　　　　　　　　　　　图 5-15

（6）在"属性"窗口中设置"投射"为"UVW 贴图"，其他选项的设置如图 5-16 所示。视图窗口中的效果如图 5-17 所示。

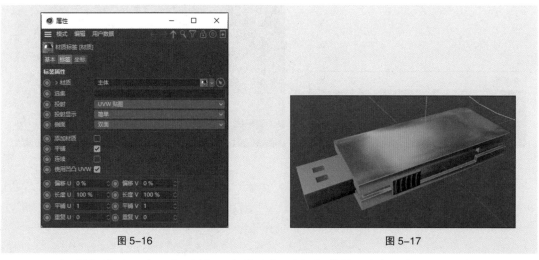

图 5-16　　　　　　　　　　　　　　　　图 5-17

（7）在"材质"窗口中双击，添加一个材质球。在添加的材质球上双击，弹出"材质编辑器"窗口，在窗口左侧的"名称"文本框中输入"接口"，在左侧列表中勾选"颜色"复选框，切换到相应的属性设置界面，设置"S"为 17%、"V"为 98%，其他选项的设置如图 5-18 所示。

（8）在左侧列表中勾选"反射"复选框，切换到相应的属性设置界面，在"类型"下拉列表中选择"GGX"选项，设置"反射强度"为 40%，展开"层菲涅耳"选项组，设置"菲涅耳"为"导体"、"预置"为"银"，如图 5-19 所示。设置完毕后关闭窗口。

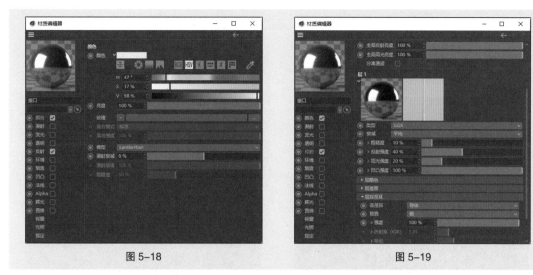

图 5-18   图 5-19

（9）将"材质"窗口中的"接口"材质拖曳到"对象"窗口中的"U 盘接口"对象上，如图 5-20 所示。"对象"窗口中的效果如图 5-21 所示。

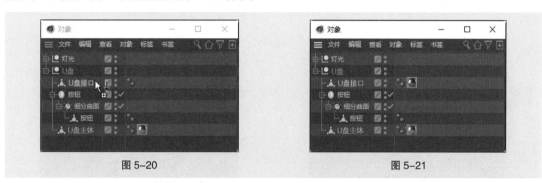

图 5-20   图 5-21

（10）在"属性"窗口中设置"投射"为"UVW 贴图"，其他选项的设置如图 5-22 所示。视图窗口中的效果如图 5-23 所示。

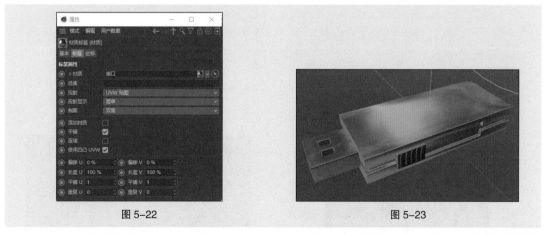

图 5-22   图 5-23

（11）在"材质"窗口中双击，添加一个材质球。在添加的材质球上双击，弹出"材质编辑器"窗口，在窗口左侧的"名称"文本框中输入"按钮"，在左侧列表中勾选"颜色"复选框，切换到相应的属性设置界面，设置"V"为 55%，其他选项的设置如图 5-24 所示。

（12）在左侧列表中勾选"反射"复选框，切换到相应的属性设置界面，在"类型"下拉列表中选择"GGX"选项，设置"全局反射亮度"为80%，展开"层菲涅耳"选项组，设置"菲涅耳"为"绝缘体"、"预置"为"聚酯"，其他选项的设置如图5-25所示。设置完毕后关闭对话框。

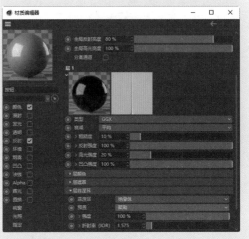

图 5-24　　　　　　　　　　　　　　　　图 5-25

（13）将"材质"窗口中的"按钮"材质拖曳到"对象"窗口中的"按钮"对象上，如图5-26所示。"对象"窗口中的效果如图5-27所示。

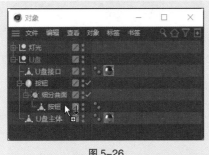

图 5-26　　　　　　　　　　　　　　　　图 5-27

（14）在"属性"窗口中设置"投射"为"UVW贴图"，其他选项的设置如图5-28所示。视图窗口中的效果如图5-29所示。至此，金属材质制作完成。

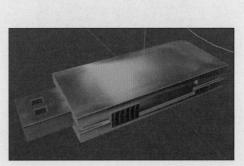

图 5-28　　　　　　　　　　　　　　　　图 5-29

5.2.2 颜色

在场景中创建材质后，在"材质编辑器"窗口中勾选"颜色"复选框，如图5-30所示，在窗口右侧可以设置材质的固有色，还可以为材质添加纹理贴图。

图 5-30

5.2.3 课堂案例——制作塑料材质

【案例学习目标】使用"材质"窗口为对象添加材质。

【案例知识要点】使用"材质"窗口创建材质，使用"材质编辑器"窗口调整材质的属性等。最终效果如图5-31所示。

【效果所在位置】云盘\Ch05\制作塑料材质\工程文件.c4d。

扫码观看
本案例视频

图 5-31

（1）启动Cinema 4D。选择"渲染 > 编辑渲染设置"命令，弹出"渲染设置"窗口，如图5-32所示。在"输出"选项组中设置"宽度"为600像素、"高度"为800像素，如图5-33所示，关闭窗口。

（2）选择"文件 > 合并项目"命令，在弹出的"打开文件"对话框中选中云盘中的"Ch05\制作塑料材质\素材\01.c4d"文件，单击"打开"按钮打开文件，如图5-34所示。

（3）在"材质"窗口中双击，或单击"材质"窗口中的"新的默认材质"按钮十，添加一个材质球，如图5-35所示。将该材质球重命名为"身体"，如图5-36所示。

（4）在"身体"材质球上双击，弹出"材质编辑器"窗口，在左侧列表中勾选"颜色"复选框，切换到相应的属性设置界面，设置"H"为340°、"S"为11%、"V"为100%，其他选项的设置如图5-37所示；在左侧列表中勾选"反射"复选框，切换到相应的属性设置界面，设置"类型"为"Lambertian（漫射）"，其他选项的设置如图5-38所示。设置完毕后关闭窗口。

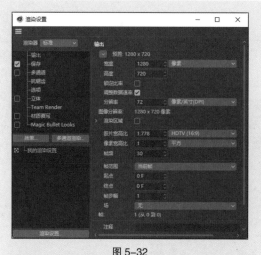

图 5-32

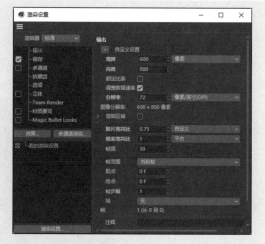

图 5-33

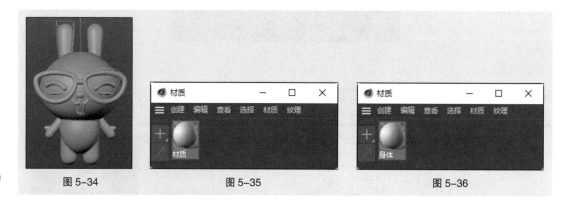

图 5-34　　　　　　　　　　　图 5-35　　　　　　　　　　　图 5-36

图 5-37

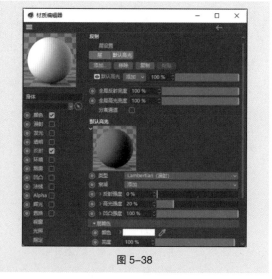

图 5-38

（5）展开"对象"窗口中的"卡通"对象组。将"材质"窗口中的"身体"材质拖曳到"对象"窗口中的"兔身"对象组上，如图 5-39 所示。"对象"窗口中的效果如图 5-40 所示。视图窗口中的效果如图 5-41 所示。

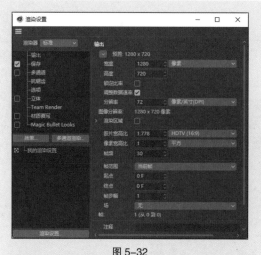

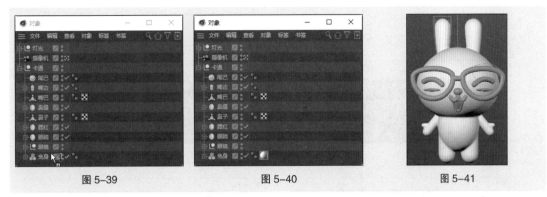

图 5-39　　　　　　　　　　图 5-40　　　　　　　　　　图 5-41

（6）在"材质"窗口中双击，添加一个材质球，如图 5-42 所示。将该材质球重命名为"镜框"，如图 5-43 所示。

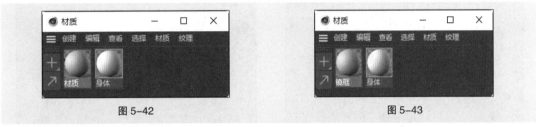

图 5-42　　　　　　　　　　　　　　　　图 5-43

（7）在"镜框"材质球上双击，弹出"材质编辑器"窗口，在左侧列表中勾选"颜色"复选框，切换到相应的属性设置界面，设置"H"为 22°、"S"为 43%、"V"为 80%，其他选项的设置如图 5-44 所示。设置完毕后关闭窗口。

（8）将"材质"窗口中的"镜框"材质拖曳到"对象"窗口中的"眼镜"对象组上，"对象"窗口中的效果如图 5-45 所示。视图窗口中的效果如图 5-46 所示。

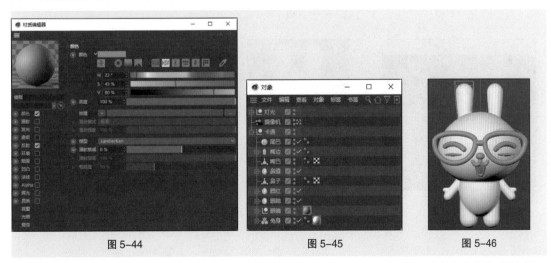

图 5-44　　　　　　　　　　图 5-45　　　　　　　　　　图 5-46

（9）在"材质"窗口中双击，添加一个材质球，如图 5-47 所示。将该材质球重命名为"眼睛"，如图 5-48 所示。

（10）在"眼睛"材质球上双击，弹出"材质编辑器"窗口，在左侧列表中勾选"颜色"复选框，切换到相应的属性设置界面，设置"H"为 22°、"S"为 43%、"V"为 40%，其他选项的设置如图 5-49

所示；在左侧列表中勾选"反射"复选框，切换到相应的属性设置界面，设置"类型"为"GGX"、
"粗糙度"为30%，其他选项的设置如图5-50所示。设置完毕后关闭窗口。

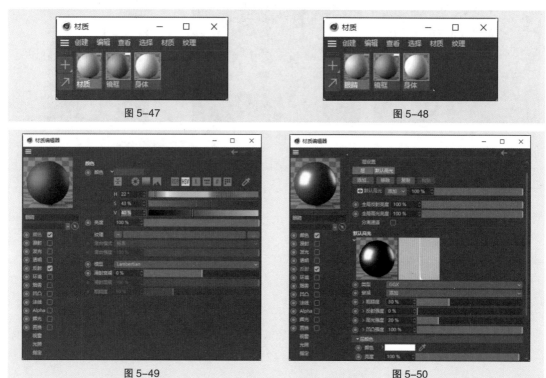

图 5-47　　　　　　　　　　　图 5-48

图 5-49　　　　　　　　　　　图 5-50

（11）将"材质"窗口中的"眼睛"材质拖曳到"对象"窗口中的"眼睛"对象组上，"对象"
窗口中的效果如图5-51所示。视图窗口中的效果如图5-52所示。在"材质"窗口中双击，添加一
个材质球。将该材质球重命名为"腮红"，如图5-53所示。

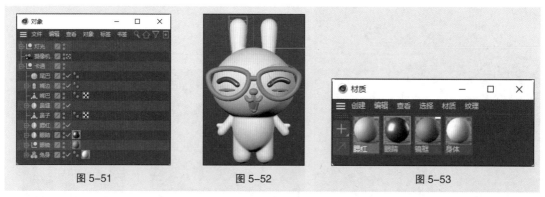

图 5-51　　　　　　　　图 5-52　　　　　　　　图 5-53

（12）在"腮红"材质球上双击，弹出"材质编辑器"窗口，在左侧列表中勾选"颜色"复选框，
切换到相应的属性设置界面，设置"H"为350°、"S"为27%、"V"为89%，其他选项的设置
如图5-54所示。

（13）在左侧列表中取消勾选"反射"复选框，勾选"发光"复选框，切换到相应的属性设置
界面，设置"H"为350°、"S"为33%、"V"为61%，其他选项的设置如图5-55所示。设置
完毕后关闭窗口。

图 5-54

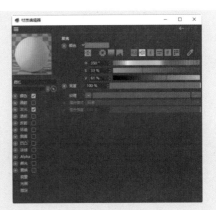

图 5-55

（14）将"材质"窗口中的"腮红"材质拖曳到"对象"窗口中的"腮红"对象组上，"对象"窗口中的效果如图 5-56 所示。视图窗口中的效果如图 5-57 所示。在"材质"窗口中双击，添加一个材质球。将该材质球重命名为"鼻子"，如图 5-58 所示。

图 5-56

图 5-57

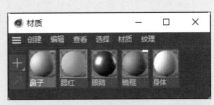

图 5-58

（15）在"鼻子"材质球上双击，弹出"材质编辑器"窗口，在左侧列表中勾选"颜色"复选框，切换到相应的属性设置界面，设置"H"为 22°、"S"为 43%、"V"为 40%，其他选项的设置如图 5-59 所示。设置完毕后关闭对话框。

（16）将"材质"窗口中的"鼻子"材质拖曳到"对象"窗口中的"鼻子"对象上。用相同的方法将"鼻子"材质拖曳到"鼻缝"对象组和"嘴边"对象组上，如图 5-60 所示。视图窗口中的效果如图 5-61 所示。

图 5-59

图 5-60

图 5-61

（17）在"材质"窗口中双击，添加一个材质球。将该材质球重命名为"嘴巴"，如图5-62所示。在"嘴巴"材质球上双击，弹出"材质编辑器"窗口，在左侧列表中勾选"颜色"复选框，切换到相应的属性设置界面，设置"H"为0°、"S"为40%、"V"为100%，其他选项的设置如图5-63所示。设置完毕后关闭窗口。

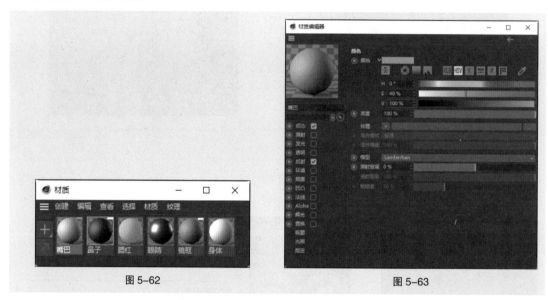

图 5-62 图 5-63

（18）将"材质"窗口中的"嘴巴"材质拖曳到"对象"窗口中的"嘴巴"对象上，如图5-64所示。视图窗口中的效果如图5-65所示。在"材质"窗口中双击，添加一个材质球。将该材质球重命名为"尾巴"，如图5-66所示。

图 5-64 图 5-65 图 5-66

（19）在"尾巴"材质球上双击，弹出"材质编辑器"窗口，在左侧列表中勾选"颜色"复选框，切换到相应的属性设置界面，设置"H"为340°、"S"为11%、"V"为100%，其他选项的设置如图5-67所示；在左侧列表中勾选"反射"复选框，切换到相应的属性设置界面，设置"类型"为"Lambertian（漫射）"，其他选项的设置如图5-68所示。设置完毕后关闭窗口。

（20）将"材质"窗口中的"尾巴"材质拖曳到"对象"窗口中的"尾巴"对象上，如图5-69所示。至此，塑料材质制作完成，如图5-70所示。

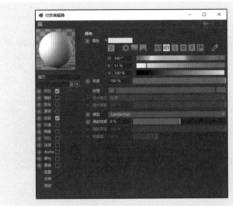

图 5-67

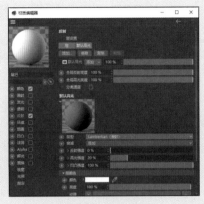

图 5-68

图 5-69

图 5-70

5.2.4　发光

在场景中创建材质后，在"材质编辑器"窗口中勾选"发光"复选框，如图 5-71 所示，在窗口右侧可以设置材质的自发光效果。

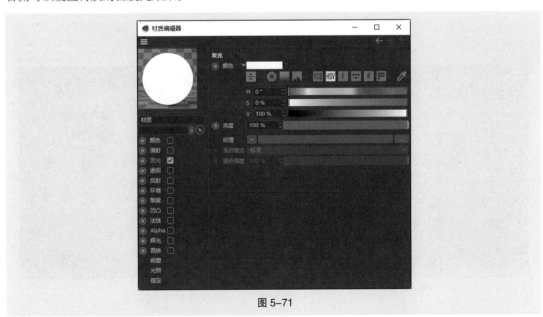

图 5-71

5.2.5　课堂案例——制作绒布材质

【案例学习目标】使用"材质"窗口为对象添加材质。

【案例知识要点】使用"材质"窗口创建材质，使用"材质编辑器"窗口调整材质的属性等。最终效果如图 5-72 所示。

【效果所在位置】云盘 \Ch05\ 制作绒布材质 \ 工程文件 .c4d。

扫码观看
本案例视频

图 5-72

（1）启动 Cinema 4D。选择"文件 > 合并项目"命令，在弹出的"打开文件"对话框中选中云盘中的"Ch05\ 制作绒布材质 \ 素材 \01.c4d"文件，单击"打开"按钮打开文件，如图 5-73 所示。

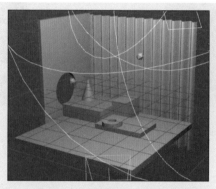

图 5-73

（2）单击"编辑渲染设置"按钮，弹出"渲染设置"窗口，如图 5-74 所示。在"输出"选项组中设置"宽度"为 1024 像素、"高度"为 1369 像素，如图 5-75 所示，设置完毕后关闭窗口。

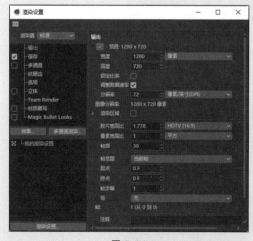

图 5-74

图 5-75

（3）在"材质"窗口中双击，或单击"材质"窗口中的"新的默认材质"按钮➕，添加一个材质球，如图 5-76 所示。在添加的材质球上双击，弹出"材质编辑器"窗口，如图 5-77 所示。

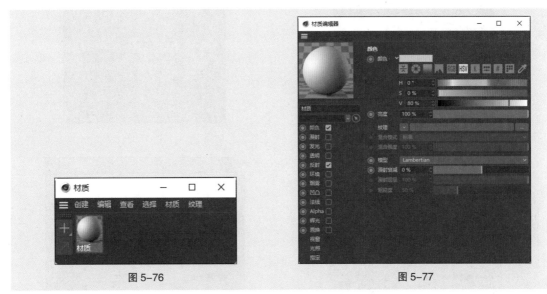

图 5-76

图 5-77

（4）在窗口左侧的"名称"文本框中输入"装饰物"，在左侧列表中勾选"颜色"复选框，切换到相应的属性设置界面，设置"H"为 196°、"V"为 100%，其他选项的设置如图 5-78 所示；在左侧列表中勾选"反射"复选框，切换到相应的属性设置界面，在"类型"下拉列表中选择"GGX"选项，设置"层 1"为 9%、"默认高光"为 34%、"粗糙度"为 0%，其他选项的设置如图 5-79 所示。设置完毕后关闭窗口。

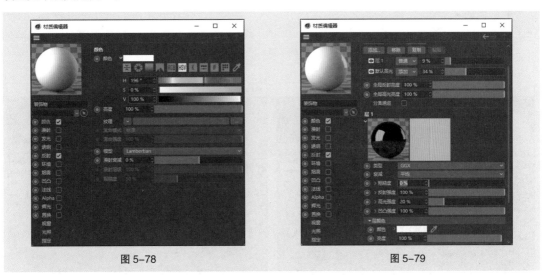

图 5-78

图 5-79

（5）在"对象"窗口中展开"装饰物"对象组，如图 5-80 所示。将"材质"窗口中的"装饰物"材质拖曳到"对象"窗口中的"宝石体 .1"对象上，如图 5-81 所示。

（6）用相同的方法分别为"宝石体"对象、"圆锥体"对象、"管道"对象、"立方体 .2"对象、"立方体 .1"对象和"立方体"对象应用"装饰物"材质，如图 5-82 所示。视图窗口中的效果如图 5-83 所示。

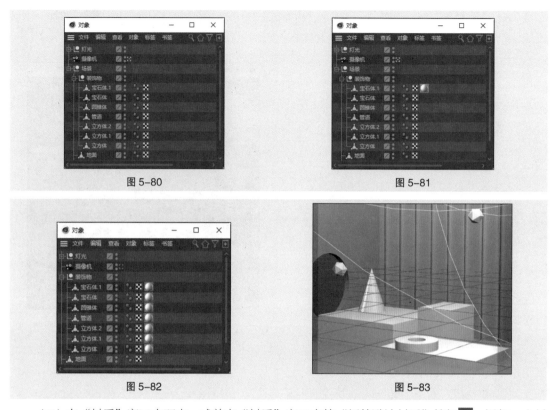

图 5-80

图 5-81

图 5-82

图 5-83

（7）在"材质"窗口中双击，或单击"材质"窗口中的"新的默认材质"按钮➕，添加一个材质球。在添加的材质球上双击，弹出"材质编辑器"窗口，如图 5-84 所示。在窗口左侧的"名称"文本框中输入"地面"，在左侧列表中勾选"颜色"复选框，切换到相应的属性设置界面，设置"H"为 195°、"S"为 20%、"V"为 65%，其他选项的设置如图 5-85 所示。设置完毕后关闭窗口。

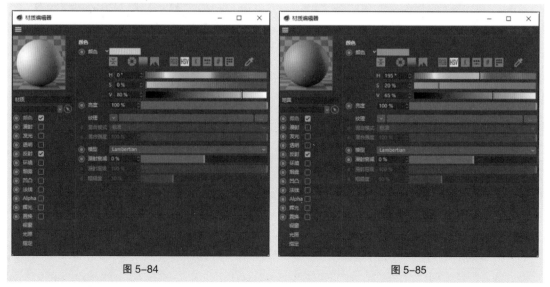

图 5-84

图 5-85

（8）将"材质"窗口中的"地面"材质拖曳到视图窗口中的"地面"对象上，如图 5-86 所示。操作完成后的效果如图 5-87 所示。

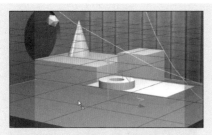

图 5-86

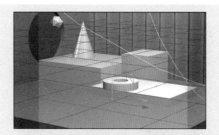

图 5-87

（9）在"材质"窗口中双击，或单击"材质"窗口中的"新的默认材质"按钮➕，添加一个材质球。在添加的材质球上双击，弹出"材质编辑器"窗口，在窗口左侧的"名称"文本框中输入"窗帘1"，在左侧列表中勾选"颜色"复选框，切换到相应的属性设置界面，设置"H"为197°、"S"为33%、"V"为60%，其他选项的设置如图5-88所示。设置完毕后关闭窗口。

（10）将"材质"窗口中的"窗帘1"材质拖曳到视图窗口中的"窗帘"对象上，效果如图5-89所示。

图 5-88

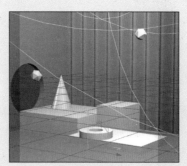

图 5-89

（11）在"材质"窗口中双击，或单击"材质"窗口中的"新的默认材质"按钮➕，添加一个材质球。在添加的材质球上双击，弹出"材质编辑器"窗口，在窗口左侧的"名称"文本框中输入"窗帘2"，在左侧列表中勾选"颜色"复选框，切换到相应的属性设置界面，设置"H"为184°、"S"为25%、"V"为100%，其他选项的设置如图5-90所示。

（12）在左侧列表中勾选"发光"复选框，再勾选"透明"复选框，并切换到相应的属性设置界面，设置"亮度"为98%、"折射率"为1，其他选项的设置如图5-91所示。设置完毕后关闭窗口。

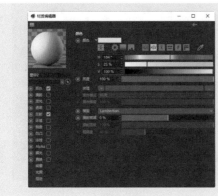

图 5-90

图 5-91

（13）将"材质"窗口中的"窗帘2"材质拖曳到视图窗口中的"窗帘"对象上，如图5-92所示。操作完成后的效果如图5-93所示。至此，绒布材质制作完成。

图5-92　　　　　　　　　　　　　　　图5-93

5.2.6　透明

在场景中创建材质后，在"材质编辑器"窗口中勾选"透明"复选框，如图5-94所示，在窗口右侧可以设置材质的透明效果。

5.2.7　反射

在场景中创建材质后，在"材质编辑器"窗口中勾选"反射"复选框，如图5-95所示，在窗口右侧可以设置材质的反射强度及反射效果。Cinema 4D S24的"反射"通道中增加了很多新功能，提升了渲染速度，能够更好地表现反射细节。

图5-94

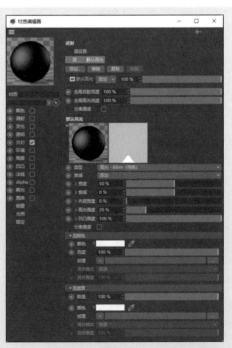

图5-95

5.2.8 凹凸

在场景中创建材质后，在"材质编辑器"窗口中勾选"凹凸"复选框，如图 5-96 所示，在窗口右侧可以设置材质的凹凸效果。

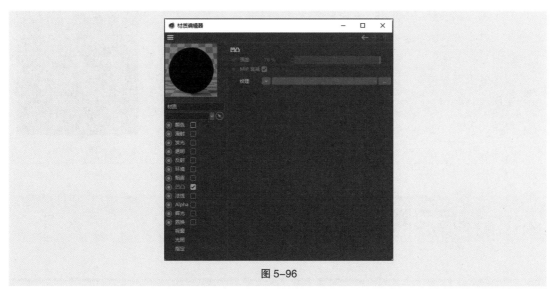

图 5-96

5.3 材质标签

当场景中的对象被赋予材质后，"对象"窗口中将会出现相应的材质标签。如果一个对象被赋予了多个材质，"对象"窗口中将会出现多个材质标签，如图 5-97 所示。单击材质标签，可以打开该材质标签对应的"属性"窗口，如图 5-98 所示。

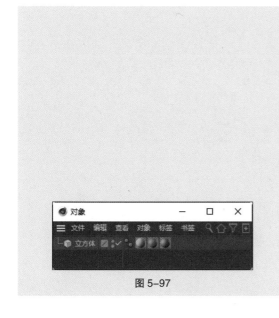

图 5-97

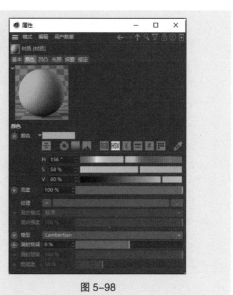

图 5-98

5.4 课堂练习——制作玻璃材质

【练习知识要点】使用"材质"窗口创建材质，使用"材质编辑器"窗口调整材质的属性等。最终效果如图 5-99 所示。

【效果所在位置】云盘 \Ch05\ 制作玻璃材质 \ 工程文件 .c4d。

扫码观看
本案例视频

图 5-99

5.5 课后习题——制作大理石材质

【习题知识要点】使用"材质"窗口创建材质，使用"材质编辑器"窗口调整材质的属性等。最终效果如图 5-100 所示。

【效果所在位置】云盘 \Ch05\ 制作大理石材质 \ 工程文件 .c4d。

扫码观看
本案例视频

图 5-100

第6章

Cinema 4D 渲染技术实战

▶ **本章介绍**

  Cinema 4D 中的渲染是指为创建好的模型生成图像的过程，渲染是三维设计的最后一步，因此渲染时需要考虑渲染环境、渲染器及渲染设置等各种因素。本章分别对 Cinema 4D 的环境、常用渲染器、渲染工具组及渲染设置等渲染技术进行系统讲解。通过对本章的学习，读者可以对 Cinema 4D 的渲染技术有一个全面的认识，并能快速掌握常用模型的渲染技术与技巧。

知识目标

- 掌握环境的设置。
- 了解常用渲染器。
- 掌握渲染工具组。
- 掌握渲染设置。

慕课视频

Cinema 4D 渲染技术实战

能力目标

- 掌握环境的制作方法。
- 掌握渲染输出的方法。

素质目标

- 培养对 Cinema 4D 渲染技术锐意进取、精益求精的工匠精神。
- 培养一定的 Cinema 4D 渲染技术设计创新能力和艺术审美能力。

6.1 环境

在设计过程中，如果需要模拟真实的生活场景，除主体元素外，还需要添加地板、天空等自然场景元素。用户在 Cinema 4D 中可以直接创建预置的多种类型的自然场景，并通过"属性"窗口改变这些自然场景的属性。

长按工具栏中的"地板"按钮 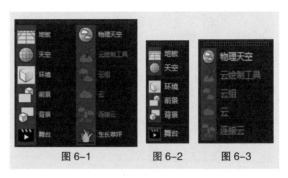，弹出场景列表，如图 6-1 所示。选择"创建 > 场景"命令和"创建 > 物理天空"命令，也可

图 6-1　　　图 6-2　　　图 6-3

以弹出场景列表，如图 6-2 和图 6-3 所示。在场景列表中单击需要的场景的图标，即可创建对应场景。

6.1.1 地板

"地板"工具 通常用于在场景中创建一个没有边界的平面区域，如图 6-4 所示，其渲染后的效果如图 6-5 所示。

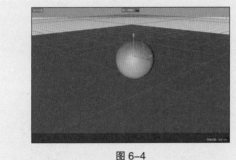

图 6-4

图 6-5

6.1.2 天空

"天空"工具 通常用于模拟日常生活中的天空。使用该工具可以创建一个无限大的球体场景，如图 6-6 所示，其渲染后的效果如图 6-7 所示。

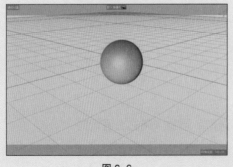

图 6-6

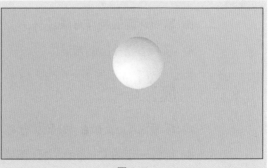

图 6-7

6.1.3 物理天空

"物理天空"工具  的功能与"天空"工具 类似,同样可以创建一个无限大的球体场景,如图 6-8 所示,其渲染后的效果如图 6-9 所示。它们的区别在于"物理天空"工具 的"属性"窗口中增加了"时间与区域""天空""太阳""细节"选项卡,可以在其中设置不同的地理位置和时间,使天空场景具有不同的效果。

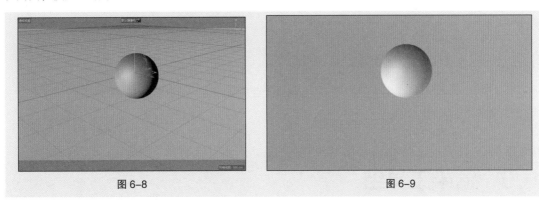

图 6-8

图 6-9

6.2 常用渲染器

渲染是三维设计中的重要环节,直接影响了最终的效果,因此选择合适的渲染器非常重要。Cinema 4D 中的常用渲染器包括"标准"渲染器与"物理"渲染器、ProRender 渲染器、Octane Render 渲染器、Arnold 渲染器、RedShift 渲染器。下面分别对这些常用渲染器进行讲解。

6.2.1 "标准"渲染器与"物理"渲染器

在"渲染设置"窗口中单击"渲染器"右侧的下拉按钮,在弹出的下拉列表中可以选择 Cinema 4D 中预置的渲染器,如图 6-10 所示,其中"标准"渲染器和"物理"渲染器较为常用。

"标准"渲染器是 Cinema 4D 默认的渲染器,但它不能渲染景深和模糊效果。

图 6-10

"物理"渲染器基于一种物理渲染方式进行渲染,能够模拟真实的物理环境,但它的渲染速度较慢。

6.2.2 ProRender 渲染器

ProRender 渲染器是一款 GPU 渲染器,依靠显卡进行渲染。该渲染器与 Cinema 4D 中预置的渲染器相比,渲染速度更快,但它对计算机显卡的性能要求较高。

6.2.3 Octane Render 渲染器

Octane Render 渲染器同样是一款 GPU 渲染器,也是 Cinema 4D 中常用的一款插件类渲染器。

该渲染器在自发光和 SSS 材质表现上有着非常显著的优势，它具有渲染速度快、光线效果柔和、渲染效果真实自然的特点。

6.2.4 Arnold 渲染器

Arnold 渲染器是一款基于物理算法的光线追踪类渲染器。该渲染器的渲染效果具有稳定和真实的特点，但它对 CPU 的配置要求较高。如果 CPU 配置不足，那么它在渲染玻璃等透明材质时速度较慢。

6.2.5 RedShift 渲染器

RedShift 渲染器也是一款 GPU 渲染器。该渲染器拥有强大的节点系统，渲染速度较快，适用于进行艺术创作和动画的制作。

6.3 渲染工具组

Cinema 4D 提供了两种渲染工具，分别为"渲染活动视图"工具■■和"渲染到图像查看器"▶工具，下面分别对它们进行讲解。

6.3.1 渲染活动视图

单击工具栏中的"渲染活动视图"按钮■■，可以在视图窗口中直接预览渲染效果，但不能导出渲染图像，如图 6-11 所示。在视图窗口中的任意位置单击，将退出渲染状态，切换至普通场景，如图 6-12 所示。

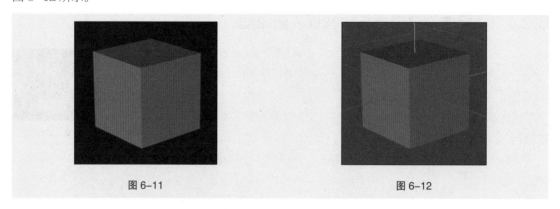

图 6-11 图 6-12

6.3.2 渲染到图像查看器

单击工具栏中的"渲染到图像查看器"按钮▶，弹出"图像查看器"窗口，如图 6-13 所示，在其中能够预览渲染效果并能导出渲染图像。

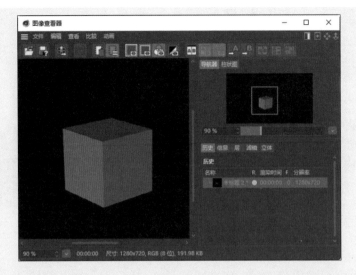

图 6-13

6.4 渲染设置

当场景中的模型制作完成后，需要先设置渲染器的各项参数，再进行渲染输出。单击工具栏中的"渲染设置"按钮，弹出"渲染设置"窗口，如图 6-14 所示，在其中进行相关设置即可。

图 6-14

6.4.1 课堂案例——渲染场景

扫码观看
本案例视频

图 6-15

（1）启动 Cinema 4D。选择"文件 > 合并项目"命令，在弹出的"打开文件"对话框中选中云盘中的"Ch06\ 渲染场景 \ 素材 \01.c4d"文件，单击"打开"按钮打开文件，如图6-16所示。

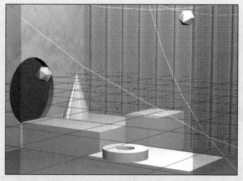

图 6-16

（2）单击"编辑渲染设置"按钮，弹出"渲染设置"窗口，如图6-17所示。在"输出"选项组中设置"宽度"为1024像素、"高度"为1369像素，如图6-18所示，关闭窗口。

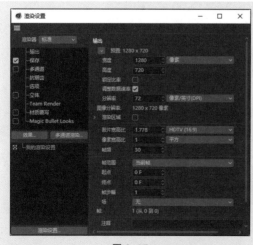

图 6-17

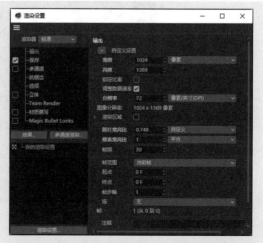

图 6-18

（3）选择"平面"工具 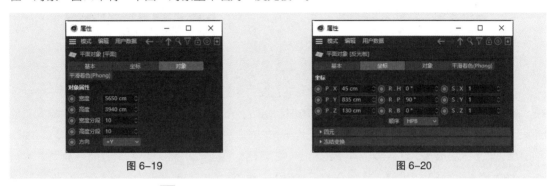，在"对象"窗口中添加一个"平面"对象。在"属性"窗口的"对象"选项卡中设置"宽度"为5650cm、"高度"为3940cm，如图6-19所示，在"坐标"选项卡中设置"P.X"为45cm、"P.Y"为835cm、"P.Z"为130cm、"R.P"为90°，如图6-20所示。在"对象"窗口中将"平面"对象重命名为"反光板"。

图 6-19   图 6-20

（4）选择"平面"工具 ，在"对象"窗口中添加一个"平面"对象。在"属性"窗口的"对象"选项卡中设置"宽度"为1325cm、"高度"为1380cm，如图6-21所示，在"坐标"选项卡中设置"P.X"为-85cm、"P.Y"为0cm、"P.Z"为-1130cm、"R.B"为-90°，如图6-22所示。

图 6-21   图 6-22

（5）在"材质"窗口中双击，或单击"材质"窗口中的"新的默认材质"按钮，添加一个材质球。在添加的材质球上双击，弹出"材质编辑器"窗口，如图6-23所示。在窗口左侧的"名称"文本框中输入"反光板"，在左侧列表中勾选"颜色"复选框，切换到相应的属性设置界面，设置"H"为184°、"S"为6%、"V"为100%，其他选项的设置如图6-24所示。设置完毕后关闭窗口。

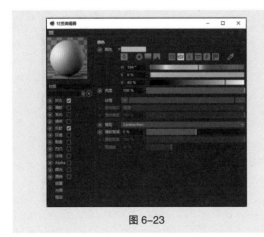   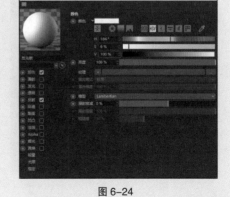

图 6-23   图 6-24

（6）将"材质"窗口中的"反光板"材质拖曳到"对象"窗口中的"反光板"对象上，如图6-25所示。"对象"窗口中的效果如图6-26所示。

图 6-25 　　　　　　　　　　　　　　　　　　图 6-26

（7）在"材质"窗口中双击，或单击"材质"窗口中的"新的默认材质"按钮，添加一个材质球。在添加的材质球上双击，弹出"材质编辑器"窗口。在窗口左侧的"名称"文本框中输入"平面"，在左侧列表中勾选"颜色"复选框，切换到相应的属性设置界面，设置"H"为195°、"S"为41%、"V"为41%，其他选项的设置如图6-27所示。设置完毕后关闭窗口。

（8）将"材质"窗口中的"平面"材质拖曳到"对象"窗口中的"平面"对象上，"对象"窗口中的效果如图6-28所示。

图 6-27 　　　　　　　　　　　　　　　　　　图 6-28

（9）单击"编辑渲染设置"按钮，弹出"渲染设置"窗口，单击"效果"按钮，在弹出的下拉列表中选择"全局光照"选项，以添加"全局光照"效果，如图6-29所示。单击"效果"按钮，在弹出的下拉列表中选择"环境吸收"选项，以添加"环境吸收"效果，如图6-30所示。

图 6-29 　　　　　　　　　　　　　　　　　　图 6-30

（10）在左侧列表中选择"保存"选项，在右侧设置"格式"为"PNG"，如图6-31所示。在左侧列表中选择"抗锯齿"选项，在右侧设置"抗锯齿"为"最佳"，如图6-32所示。

图 6-31

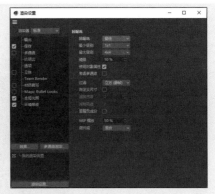
图 6-32

（11）在左侧列表中选择"全局光照"选项，在右侧的"常规"选项卡中设置"次级算法"为"辐照缓存"、"漫射深度"为4、"采样"为"自定义采样数"、"采样数量"为128，如图6-33所示。在"辐照缓存"选项卡中设置"记录密度"为"低"、"平滑"为100%，如图6-34所示。设置完毕后关闭窗口。

图 6-33

图 6-34

（12）单击"渲染到图像查看器"按钮，弹出"图像查看器"窗口，如图6-35所示。渲染完成后，单击窗口中的"将图像另存为"按钮，保存图像。至此，场景渲染完成。

图 6-35

6.4.2 输出

在"渲染设置"窗口左侧的列表中选择"输出"选项，如图 6-36 所示，在右侧可以设置渲染图像的尺寸、分辨率、宽高比及帧范围等。

图 6-36

6.4.3 保存

在"渲染设置"窗口左侧的列表中选择"保存"选项，如图 6-37 所示，在右侧可以设置渲染图像的保存路径和保存格式等。

图 6-37

6.4.4 多通道

在"渲染设置"窗口左侧的列表中选择"多通道"选项，如图 6-38 所示，在右侧可以通过"分离灯光"选项和"模式"选项将场景中的通道单独渲染出来，以便在后期软件中进行调整，这就是通常所说的"分层渲染"。

6.4.5 抗锯齿

在"渲染设置"窗口左侧的列表中选择"抗锯齿"选项，如图 6-39 所示。该选项只能在"标准"渲染器中使用，主要用于消除渲染图像边缘的锯齿，使图像边缘更加平滑。

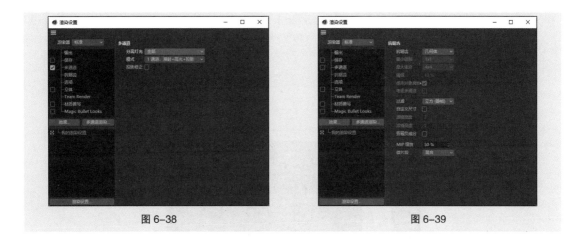

图 6-38	图 6-39

6.4.6 选项

在"渲染设置"窗口左侧的列表中选择"选项"选项，如图 6-40 所示，在右侧可以设置渲染图像的整体效果，通常保持默认设置。

6.4.7 全局光照

"全局光照"选项是常用的渲染设置之一，可以计算出场景的全局光照效果，能使渲染图像中的光影关系更加真实。

在"渲染设置"窗口中单击"效果"按钮，在弹出的下拉列表中选择"全局光照"选项，如图 6-41 所示，即可在"渲染设置"窗口中打开"全局光照"选项对应的设置界面，如图 6-42 所示。

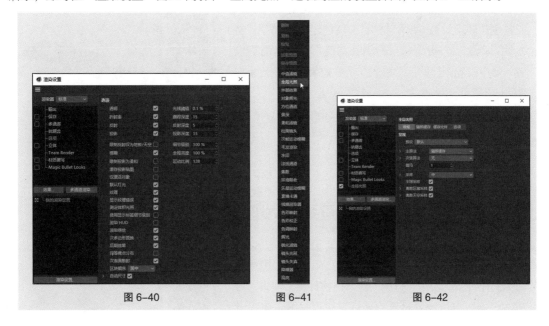

图 6-40	图 6-41	图 6-42

6.4.8 环境吸收

"环境吸收"选项同样是常用的渲染设置之一，具有增强模型整体的阴影效果，使其更加立体的特点。"环境吸收"选项中的设置通常保持默认即可。

在"渲染设置"窗口中单击"效果"按钮，在弹出的下拉列表中选择"环境吸收"选项，如图 6-43 所示，即可在"渲染设置"窗口中打开"环境吸收"选项对应的设置界面，如图 6-44 所示。

图 6-43　　　　图 6-44

6.5　课堂练习——渲染 U 盘

【练习知识要点】使用"天空"工具和"地板"工具制作环境效果，使用"材质"窗口创建材质，使用"材质编辑器"窗口设置材质的属性，使用"编辑渲染设置"命令设置图像的保存格式与渲染效果。最终效果如图 6-45 所示。

扫码观看
本案例视频

【效果所在位置】云盘 \Ch06\ 渲染 U 盘 \ 工程文件 .c4d。

图 6-45

6.6　课后习题——渲染卡通模型

【习题知识要点】使用"平面"工具和"倒角"命令制作背景，使用"材质"窗口创建材质，使用"材质编辑器"窗口设置材质的属性，使用"编辑渲染设置"命令设置图像的保存格式与渲染效果。最终效果如图 6-46 所示。

扫码观看
本案例视频

【效果所在位置】云盘 \Ch06\ 渲染卡通模型 \ 工程文件 .c4d。

图 6-46

第7章
07
Cinema 4D 动画技术实战

▶ **本章介绍**

　　Cinema 4D 中的动画制作即根据项目需求为已经创建好的三维模型添加动态效果。Cinema 4D 拥有一套强大的动画系统，它渲染出的模型动画逼真、生动。本章分别对 Cinema 4D 的基础动画的制作及摄像机的使用等动画技术进行系统讲解。通过对本章的学习，读者可以对 Cinema 4D 的动画技术有一个全面的认识，并能快速掌握常用动画的制作技术与技巧。

知识目标

● 掌握基础动画的制作方法。
● 掌握摄像机的操作方法。

慕课视频

Cinema 4D 动
画技术实战

能力目标

● 掌握摄像机动画的制作方法。

素质目标

● 培养对 Cinema 4D 动画技术锐意进取、精益求精的工匠精神。
● 培养一定的 Cinema 4D 动画技术设计创新能力和艺术审美能力。

7.1 基础动画

在 Cinema 4D 中，可以通过时间线面板中的工具和时间线窗口制作出基础的动画效果。

7.1.1 时间线面板中的工具

时间线面板中包含多个用于播放和编辑动画的工具，如图 7-1 所示。

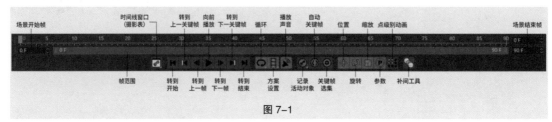

图 7-1

该面板中的主要工具的介绍如下。

"转到开始"按钮█：将时间滑块移动到动画起点。

"转到上一关键帧"按钮█：将时间滑块移动到上一关键帧。

"转到上一帧"按钮█：将时间滑块移动到上一帧。

"向前播放"按钮█：用于向前播放动画。

"转到下一帧"按钮█：将时间滑块移动到下一帧。

"转到下一关键帧"按钮█：将时间滑块移动到下一关键帧。

"转到结束"按钮█：将时间滑块移动到动画终点。

"循环"按钮█：用于循环播放动画。

"方案设置"按钮█：用于设置动画的播放速率。

"播放声音"按钮█：用于设置动画的播放声音。

"记录活动对象"按钮█：用于记录对象的位置、缩放、旋转动画及活动对象的点级别动画。

"自动关键帧"按钮█：用于自动记录关键帧。

"关键帧选集"按钮█：用于设置关键帧选集对象。

"位置"按钮█：用于记录对象位置动画。

"旋转"按钮█：用于记录对象旋转动画。

"缩放"按钮█：用于记录对象缩放动画。

"参数"按钮█：用于记录参数级别动画。

"点级别动画"按钮█：用于记录点级别动画。

7.1.2 时间线窗口

用 Cinema 4D 制作动画时，通常使用时间线窗口对动画进行编辑。单击时间线面板中的"时间线窗口（摄影表）"按钮█，在弹出的下拉列表中选择需要的选项，如图 7-2 所示，即可打开对应的窗口，如图 7-3 所示。

图 7-2

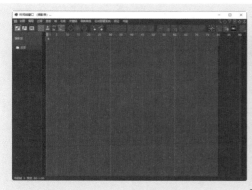

图 7-3

7.1.3 课堂案例——制作云彩飘移动画

【案例学习目标】使用时间线面板中的工具制作云彩飘移动画。

【案例知识要点】使用时间线面板设置动画时长，使用"记录活动对象"按钮记录关键帧，使用"坐标"窗口调整云彩的位置，使用"时间线窗口（函数曲线）"窗口和"时间线窗口（摄影表）"窗口制作动画效果，使用"编辑渲染设置"按钮和"渲染到图像查看器"按钮渲染动画。最终效果如图 7-4 所示。

【效果所在位置】云盘 \Ch07\ 制作云彩飘移动画 \ 工程文件 .c4d。

扫码观看本案例视频

图 7-4

157

（1）启动 Cinema 4D。单击 "编辑渲染设置"按钮 ⚙，弹出"渲染设置"窗口，在"输出"选项组中设置"宽度"为 750 像素、"高度"为 1106 像素、"帧频"为 25，如图 7-5 所示，关闭窗口。在"属性"窗口的"工程设置"选项卡中设置"帧率"为 25，如图 7-6 所示。

（2）选择"文件 > 合并项目"命令，在弹出的"打开文件"对话框中选中云盘中的"Ch07\ 制作云彩飘移动画 \ 素材 \01.c4d"文件，单击"打开"按钮打开文件。在"对象"窗口中单击"摄像机"对象右侧的■按钮，如图 7-7 所示，进入摄像机视图。

图 7-5

图 7-6

图 7-7

（3）在时间线面板中将"场景结束帧"设置为140F，按 Enter 键确定操作，如图 7-8 所示。

图 7-8

（4）在"对象"窗口中选中"云彩"对象组，如图 7-9 所示。在"坐标"窗口的"位置"选项组中设置"X"为 312cm、"Y"为 431cm、"Z"为 –236cm，如图 7-10 所示，单击"应用"按钮。在时间线面板中单击"记录活动对象"按钮 ，在 0F 的位置记录关键帧。

图 7-9   图 7-10

（5）将时间滑块放置在 20F 的位置。在"坐标"窗口的"位置"选项组中设置"X"为 312cm、"Y"为 406.7cm、"Z"为 –236cm，如图 7-11 所示，单击"应用"按钮。在时间线面板中单击"记录活动对象"按钮 ，在 20F 的位置记录关键帧。

（6）将时间滑块放置在 50F 的位置。在"坐标"窗口的"位置"选项组中设置"X"为 312cm、"Y"为 285cm、"Z"为 –236cm，如图 7-12 所示，单击"应用"按钮。在时间线面板中单击"记录活动对象"按钮 ，在 50F 的位置记录关键帧。

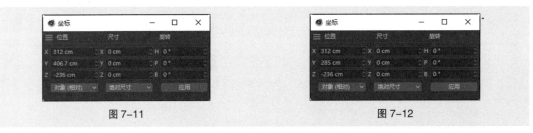

图 7-11   图 7-12

（7）将时间滑块放置在 70F 的位置。在"坐标"窗口的"位置"选项组中设置"X"为 312cm、"Y"为 386cm、"Z"为 –236cm，如图 7-13 所示，单击"应用"按钮。在时间线面板中单击"记录活动对象"按钮 ，在 70F 的位置记录关键帧。

（8）选择"窗口 > 时间线窗口（函数曲线）"命令，弹出"时间线窗口（函数曲线）"窗口，按 Ctrl+A 组合键全选控制点，如图 7-14 所示。

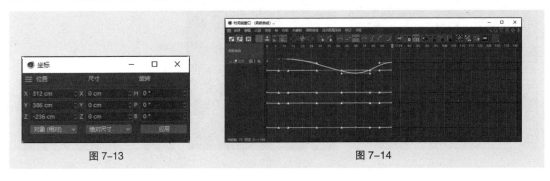

图 7-13   图 7-14

（9）单击"零长度（相切）"按钮 0，效果如图 7-15 所示，关闭窗口。

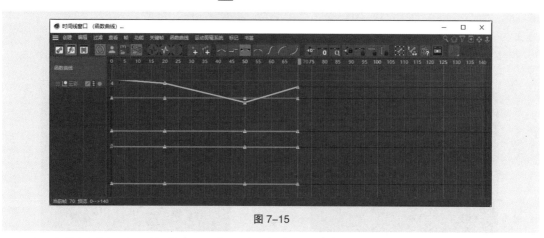

图 7-15

（10）选择"窗口 > 时间线窗口（摄影表）"命令，弹出"时间线窗口（摄影表）"窗口，按Ctrl+A 组合键全选控制点，如图 7-16 所示。选择"关键帧 > 循环选取"命令，弹出"循环"对话框，设置"副本"为 10，如图 7-17 所示。单击"确定"按钮，返回"时间线窗口（摄影表）"窗口，关闭窗口。

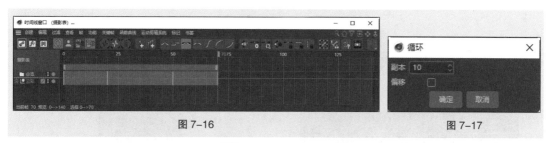

图 7-16

图 7-17

（11）单击"编辑渲染设置"按钮 ，弹出"渲染设置"窗口，设置"渲染器"为"物理"、"帧频"为 25、"帧范围"为"全部帧"，如图 7-18 所示；在左侧列表中选择"保存"选项，在右侧设置"格式"为 MP4，如图 7-19 所示。

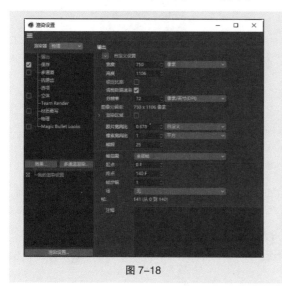

图 7-18

图 7-19

（12）单击"效果"按钮 ▢效果... ，在弹出的下拉列表中选择"环境吸收"选项，以添加"环境吸收"效果，如图7-20所示。单击"效果"按钮 ▢效果... ，在弹出的下拉列表中选择"全局光照"选项，以添加"全局光照"效果，在右侧设置"预设"为"内部－高（小光源）"，如图7-21所示。设置完毕后关闭窗口。

图7-20　　　　　　　　　　　　　　　图7-21

（13）单击"渲染到图像查看器"按钮 ▶，弹出"图像查看器"窗口，如图7-22所示。渲染完成后，单击"图像查看器"窗口中的"将图像另存为"按钮 ▢，弹出"保存"对话框，如图7-23所示。单击"确定"按钮，弹出"保存对话"对话框，在该对话框中设置文件的保存位置，并在"文件名"文本框中输入文件名称，设置完成后，单击"保存"按钮，保存图像。至此，云彩飘移动画制作完成。

图7-22　　　　　　　　　　　　　　　图7-23

7.1.4　关键帧动画

关键帧是指角色或对象的运动或变化过程中关键动作所在的那一帧，由于关键帧可以控制动画的效果，因此在动画制作中应用得十分广泛。

在"时间线窗口（摄影表）"窗口中记录需要的关键帧，有关键帧的位置会显示一个方块标记，起始位置有一个指针标记，如图7-24所示。单击时间线面板中的"向前播放"按钮 ▶，即可在场景中看到关键帧动画的效果。

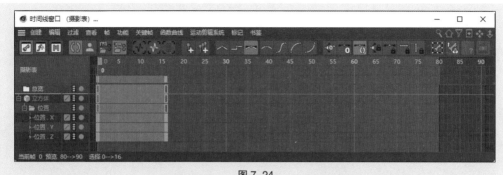

图 7-24

7.1.5 课堂案例——制作泡泡变形动画

【案例学习目标】使用时间线面板中的工具制作泡泡变形动画。

【案例知识要点】使用时间线面板设置动画时长，使用"自动关键帧"按钮、"点级别动画"按钮和"记录活动对象"按钮记录关键帧并制作动画效果，使用"坐标"窗口调整泡泡的大小，使用"属性"窗口调整泡泡的旋转角度，使用"编辑渲染设置"按钮和"渲染到图像查看器"按钮渲染动画。最终效果如图 7-25 所示。

【效果所在位置】云盘 \Ch07\ 制作泡泡变形动画 \ 工程文件 .c4d。

图 7-25

（1）启动 Cinema 4D。单击"编辑渲染设置"按钮 ，弹出"渲染设置"窗口。在"输出"选项组中设置"宽度"为 790 像素、"高度"为 2000 像素、"帧频"为 25，如图 7-26 所示，关闭对话框。在"属性"窗口的"工程设置"选项卡中设置"帧率"为 25，如图 7-27 所示。

图 7-26

图 7-27

（2）选择"文件 > 合并项目"命令，在弹出的"打开文件"对话框中选中云盘中的"Ch07\制作泡泡变形动画\素材\01.c4d"文件，单击"打开"按钮打开文件。视图窗口中的效果如图 7-28 所示。在"对象"窗口中单击"摄像机"对象右侧的 按钮，如图 7-29 所示，进入摄像机视图。

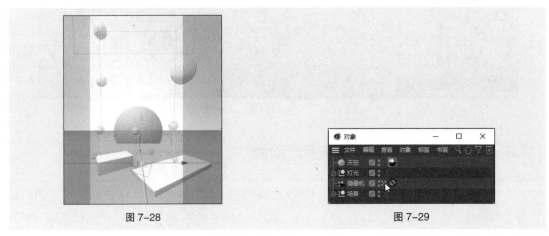

图 7-28 图 7-29

（3）在时间线面板中将"场景结束帧"设置为 50F，按 Enter 键确定操作。单击"自动关键帧"按钮 和"点级别动画"按钮 ，使这两个按钮处于选中状态，以便记录动画，如图 7-30 所示。

图 7-30

（4）在"对象"窗口中展开 "场景 > 水泡"对象组，选中"水泡 1"对象，如图 7-31 所示。单击"点"按钮 ，切换为点模式。在视图窗口中的"水泡 1"对象上单击，如图 7-32 所示。按 Ctrl+A 组合键全选对象，如图 7-33 所示。在时间线面板中单击"记录活动对象"按钮 ，在 0F 的位置记录关键帧。

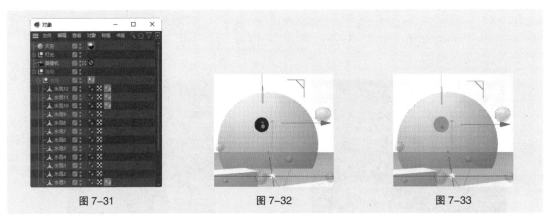

图 7-31 图 7-32 图 7-33

（5）将时间滑块放置在 10F 的位置。在"坐标"窗口的"尺寸"选项组中设置"X"为 85cm、"Y"为 85cm、"Z"为 85cm，如图 7-34 所示。在"属性"窗口的"坐标"选项卡中设置"R.H"为 0°、"R.P"为 0°、"R.B"为 -20°，如图 7-35 所示。视图窗口中的效果如图 7-36 所示。

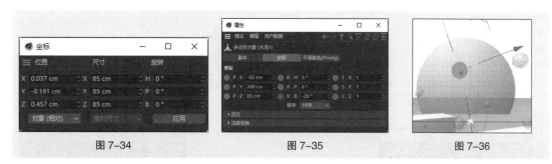

图 7-34　　　　　　　　图 7-35　　　　　　　　图 7-36

（6）将时间滑块放置在 17F 的位置。在"坐标"窗口的"尺寸"选项组中设置"X"为 80cm、"Y"为 80cm、"Z"为 80cm，如图 7-37 所示。在"属性"窗口的"坐标"选项卡中设置"R.H"为 10°、"R.P"为 0°、"R.B"为 0°，如图 7-38 所示。

图 7-37　　　　　　　　　　　　　　图 7-38

（7）将时间滑块放置在 22F 的位置。在"坐标"窗口的"尺寸"选项组中设置"X"为 83cm、"Y"为 83cm、"Z"为 83cm，如图 7-39 所示。在"属性"窗口的"坐标"选项卡中设置"R.H"为 0°、"R.P"为 0°、"R.B"为 –15°，如图 7-40 所示。

图 7-39　　　　　　　　　　　　　　图 7-40

（8）将时间滑块放置在 29F 的位置。在"属性"窗口的"坐标"选项卡中设置"R.H"为 –10°、"R.P"为 15°、"R.B"为 0°，如图 7-41 所示。将时间滑块放置在 33F 的位置。在"坐标"窗口的"尺寸"选项组中设置"X"为 80cm、"Y"为 80cm、"Z"为 80cm，如图 7-42 所示。在"属性"窗口的"坐标"选项卡中设置"R.H"为 0°、"R.P"为 0°、"R.B"为 10°，如图 7-43 所示。

图 7-41　　　　　　　　图 7-42　　　　　　　　图 7-43

（9）将时间滑块放置在 40F 的位置。在“属性”窗口的“坐标”选项卡中设置“R.H”为 −5°、“R.P”为 5°、“R.B”为 −10°，如图 7–44 所示。将时间滑块放置在 44F 的位置。在“坐标”窗口的“尺寸”选项组中设置“X”为 78cm、“Y”为 78cm、“Z”为 78cm，如图 7–45 所示。将时间滑块放置在 48F 的位置。在“属性”窗口的“坐标”选项卡中设置“R.H”为 0°、“R.P”为 0°、“R.B”为 0°，如图 7–46 所示。

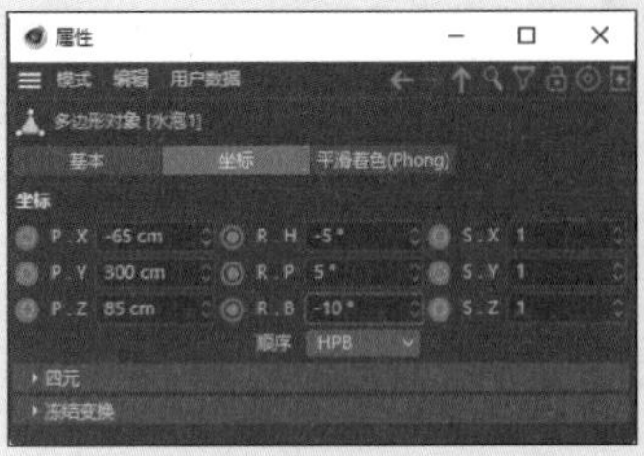

图 7–44

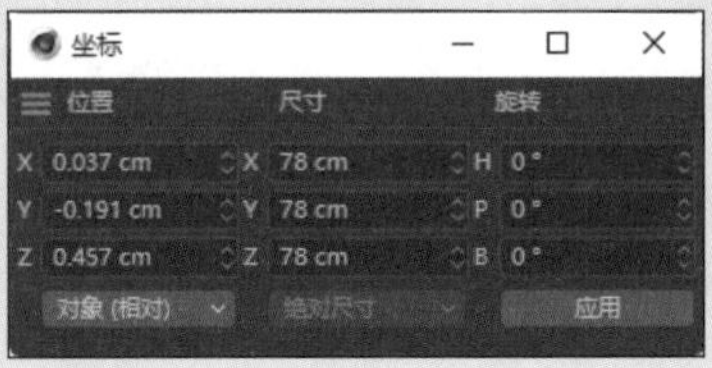

图 7–45

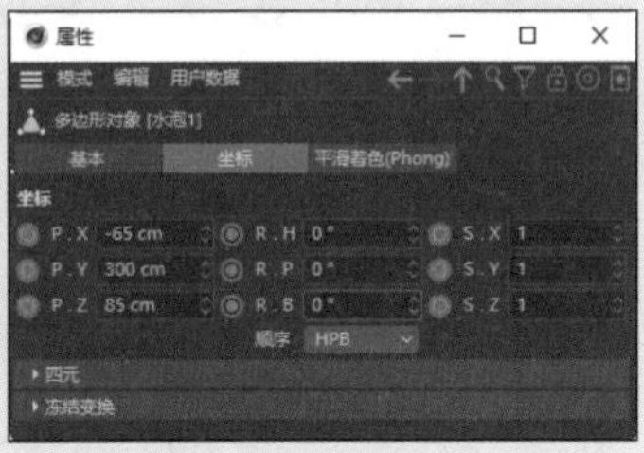

图 7–46

（10）使用上述方法分别为“水泡 2”至“水泡 12”对象制作点级别动画。

（11）单击“编辑渲染设置”按钮，弹出“渲染设置”窗口，设置“渲染器”为“物理”、“帧范围”为“全部帧”，如图 7–47 所示；在左侧列表中选择“保存”选项，在右侧设置“格式”为 MP4，如图 7–48 所示。

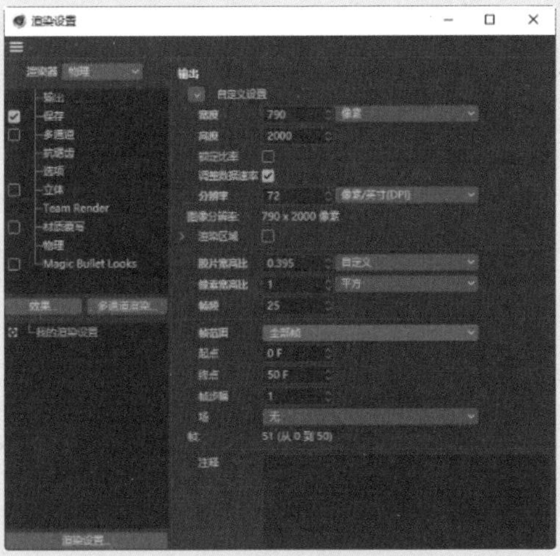

图 7–47

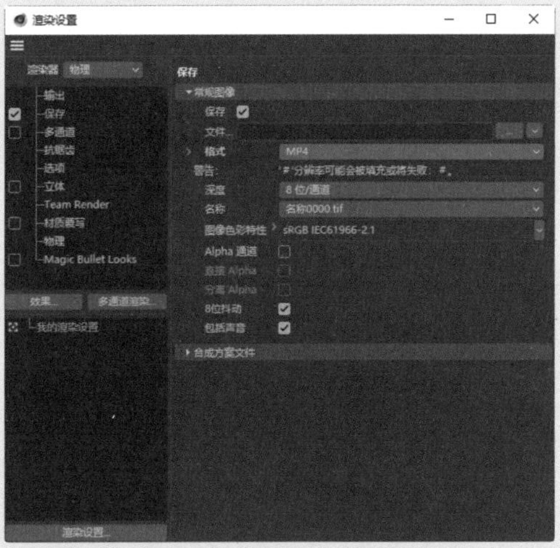

图 7–48

（12）单击“效果”按钮 效果...，在弹出的下拉列表中选择“全局光照”选项，以添加“全局光照”效果，在右侧设置“预设”为“内部 – 高（小光源）”，如图 7–49 所示。单击“效果”按钮 效果...，在弹出的下拉列表中选择“环境吸收”选项，以添加“环境吸收”效果，如图 7–50 所示。设置完毕后关闭窗口。

（13）单击“渲染到图像查看器”按钮，弹出“图像查看器”窗口，如图 7–51 所示。渲染完成后，单击“图像查看器”窗口中的“将图像另存为”按钮，弹出“保存”对话框，如图 7–52 所示。单击“确定”按钮，弹出“保存对话”对话框，在该对话框中设置文件的保存位置，并在“文件名”文本框中输入文件的名称，设置完成后，单击“保存”按钮，保存图像。至此，泡泡变形动画制作完成。

图 7-49

图 7-51

图 7-52

7.1.6 点级别动画

"点级别动画"按钮 通常用于制作对象的变形效果。在场景中创建对象后,单击"点级别动画"按钮 ,可以在该对象的"点""边""多边形"模式下制作关键帧动画。

在时间线面板中适当的位置根据需要添加多个关键帧,并分别在"坐标"窗口和"属性"窗口中设置每个关键帧中对象的位置、大小及旋转角度,即可完成点级别动画的制作。

单击"渲染到图像查看器"按钮 下方的三角形图标,在弹出的下拉列表中选择"创建动画预览"选项，如图 7-53 所示。在弹出的"创建动画预览"对话框中进行设置，如图 7-54 所示，单击"确定"按钮。弹出"图像查看器"窗口，单击"向前播放"按钮▶即可预览动画效果，如图 7-55 所示。

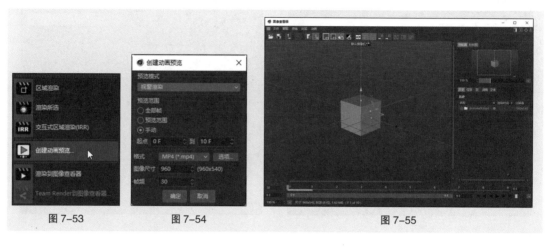

图 7-53　　　　　　　图 7-54　　　　　　　　　　　　图 7-55

7.2　摄像机

7.2.1　课堂案例——制作蚂蚁搬运动画

【案例学习目标】使用"样条画笔"工具和"对齐曲线"命令制作蚂蚁搬运动画。

【案例知识要点】使用"样条画笔"工具创建运动轨迹，使用"对齐曲线"命令制作动画效果，使用"位置"选项记录关键帧，使用"时间线窗口（函数曲线）"窗口调整动画效果，使用"渲染到图像查看器"按钮渲染动画。最终效果如图 7-56 所示。

【效果所在位置】云盘 \Ch07\ 制作蚂蚁搬运动画 \ 工程文件 .c4d。

扫码观看
本案例视频

图 7-56

（1）启动 Cinema 4D。单击"编辑渲染设置"按钮，弹出"渲染设置"窗口。在"输出"选项组中设置"宽度"为 750 像素、"高度"为 1624 像素、"帧频"为 25，如图 7-57 所示，关闭窗口。在"属性"窗口的"工程设置"选项卡中设置"帧率"为 25，如图 7-58 所示。

（2）选择"文件 > 合并项目"命令，在弹出的"打开文件"对话框中选中云盘中的"Ch07\ 制作蚂蚁搬运动画 \ 素材 \01.c4d"文件，单击"打开"按钮打开文件，效果如图 7-59 所示。

图 7-57

图 7-58

图 7-59

（3）在"对象"窗口中展开"蚂蚁搬运动画 > 素材 > 碎屑"对象组和"蚂蚁搬运动画 > 蚂蚁"对象组，如图 7-60 所示。选中"碎屑"对象，将其拖曳到"蚂蚁 .6"对象组中，如图 7-61 所示。使用相同的方法，分别选中"碎屑 .1"对象，将其拖曳到"蚂蚁 .2"对象组中；选中"碎屑 .2"对象，将其拖曳到"蚂蚁 .1"对象组中；选中"碎屑 .3"对象，将其拖曳到"蚂蚁"对象组中；选中"碎屑 .4"对象，将其拖曳到"蚂蚁 .4"对象组中；选中"碎屑 .5"对象，将其拖曳到"蚂蚁 .5"对象组中；选中"碎屑 .6"对象，将其拖曳到"蚂蚁 .7"对象组中。最后折叠所有对象组。

（4）选择"移动"工具 ✛，在视图窗口中选择需要的对象，如图 7-62 所示。将"材质"窗口中的"面包"材质球拖曳到视图窗口中选中的对象上，如图 7-63 所示。

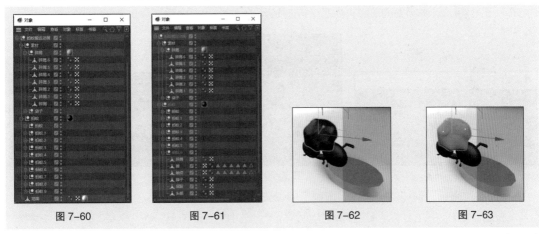

图 7-60　　　　　　图 7-61　　　　　　图 7-62　　　　　　图 7-63

（5）使用相同的方法为其他对象添加材质，视图窗口中的效果如图 7-64 所示。在"对象"窗口中单击"摄像机"对象右侧的 ▓ 按钮，进入摄像机视图，如图 7-65 所示。

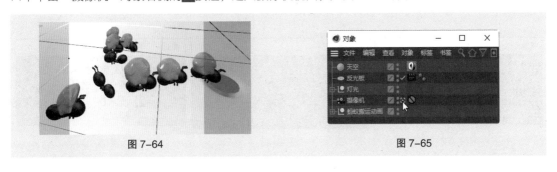

图 7-64　　　　　　　　　　　　図 7-65

（6）按 F4 键，切换到正视图。选择"样条画笔"工具 ，在视图窗口中适当的位置单击，创建3个节点，在"对象"窗口中添加一个"样条"对象。选择"实时选择"工具 ，选中需要的节点，如图 7-66 所示。在"坐标"窗口的"位置"选项组中设置"X"为 930.5cm、"Y"为 –170cm、"Z"为 601.5cm，如图 7-67 所示，确定节点的具体位置。选中需要的节点。在"坐标"窗口的"位置"选项组中设置"X"为 1902cm、"Y"为 –170cm、"Z"为 207cm，如图 7-68 所示，确定节点的具体位置。

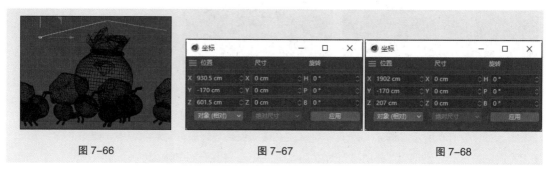

图 7-66   图 7-67   图 7-68

（7）使用相同的方法选中需要的节点。在"坐标"窗口的"位置"选项组中设置"X"为 1916cm、"Y"为 –1117cm、"Z"为 207.5cm，如图 7-69 所示，确定节点的具体位置。视图窗口中的效果如图 7-70 所示。

（8）在"对象"窗口的空白处单击，退出"样条"对象的选中状态。选择"样条画笔"工具 ，在视图窗口中适当的位置单击，创建3个节点，在"对象"窗口中添加一个"样条.1"对象。选择"实时选择"工具 ，选中需要的节点，如图 7-71 所示。

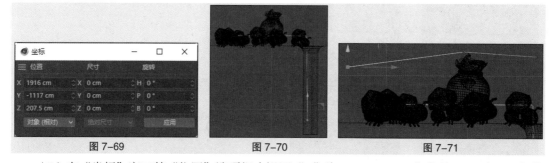

图 7-69   图 7-70   图 7-71

（9）在"坐标"窗口的"位置"选项组中设置"X"为 1011.7cm、"Y"为 –170cm、"Z"为 415.5cm，如图 7-72 所示，确定节点的具体位置。选中需要的节点。在"坐标"窗口的"位置"选项组中设置"X"为 1902cm、"Y"为 –170cm、"Z"为 207cm，如图 7-73 所示，确定节点的具体位置。选中需要的节点。在"坐标"窗口的"位置"选项组中设置"X"为 1916cm、"Y"为 –1117cm、"Z"为 207.5cm，如图 7-74 所示，确定节点的具体位置。

图 7-72   图 7-73   图 7-74

（10）视图窗口中的效果如图 7-75 所示。使用相同的方法再次绘制 5 个样条，在"对象"窗口中添加 "样条 .2"至"样条 .6"对象，如图 7-76 所示。视图窗口中的效果如图 7-77 所示。

图 7-75　　　　　　　　　　　图 7-76　　　　　　　　　　　图 7-77

（11）在时间线面板中将"场景结束帧"设置为 160F，按 Enter 键确定操作，如图 7-78 所示。

图 7-78

（12）在"对象"窗口中展开"蚂蚁搬运动画 > 蚂蚁"对象组。用鼠标右键单击"蚂蚁"对象，在弹出的快捷菜单中选择"动画标签 > 对齐曲线"命令。选中"样条"对象，将其拖曳到"属性"窗口的"曲线路径"文本框中，如图 7-79 所示。

（13）将时间滑块放置在 110F 的位置。在"属性"窗口中单击"位置"选项左侧的 ⊙ 按钮，如图 7-80 所示。在 110F 的位置记录关键帧，如图 7-81 所示。

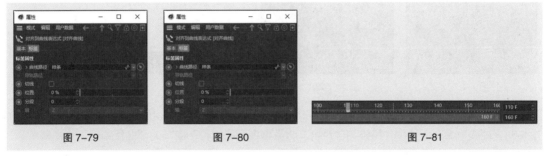

图 7-79　　　　　　　　　　　图 7-80　　　　　　　　　　　图 7-81

（14）将时间滑块放置在 160F 的位置。在"属性"窗口中设置"位置"选项为 76%，单击"位置"选项左侧的 ⊙ 按钮，如图 7-82 所示。在 160F 的位置记录关键帧，如图 7-83 所示。

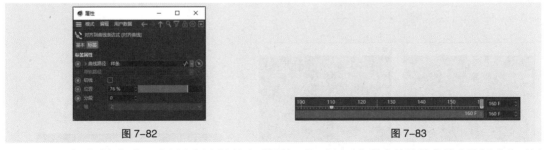

图 7-82　　　　　　　　　　　　　　　　图 7-83

（15）在"对象"窗口中用鼠标右键单击"蚂蚁 .1"对象，在弹出的快捷菜单中选择"动画标签 > 对齐曲线"命令。选中"样条 .1"对象，将其拖曳到"属性"窗口的"曲线路径"文本框中。

（16）将时间滑块放置在 73F 的位置。在"属性"窗口中设置"位置"选项为 0%，单击"位置"选项左侧的 ◎ 按钮，如图 7-84 所示，在 73F 的位置记录关键帧。将时间滑块放置在 130F 的位置。在"属性"窗口中设置"位置"选项为 75%，单击"位置"选项左侧的 ◎ 按钮，如图 7-85 所示。在 130F 的位置记录关键帧，如图 7-86 所示。

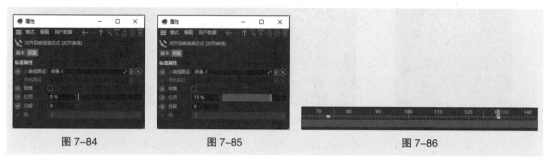

图 7-84　　　　　　　　　图 7-85　　　　　　　　　　　　　图 7-86

（17）在"对象"窗口中用鼠标右键单击"蚂蚁 .2"对象，在弹出的快捷菜单中选择"动画标签 > 对齐曲线"命令。选中"样条 .2"对象，将其拖曳到"属性"窗口的"曲线路径"文本框中。

（18）将时间滑块放置在 95F 的位置。在"属性"窗口中设置"位置"选项为 0%，单击"位置"选项左侧的 ◎ 按钮，如图 7-87 所示，在 95F 的位置记录关键帧。将时间滑块放置在 145F 的位置。在"属性"窗口中设置"位置"选项为 73%，单击"位置"选项左侧的 ◎ 按钮，如图 7-88 所示。在 145F 的位置记录关键帧，如图 7-89 所示。

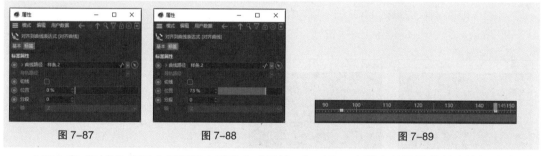

图 7-87　　　　　　　　　图 7-88　　　　　　　　　　　　　图 7-89

（19）在"对象"窗口中用鼠标右键单击"蚂蚁 .4"对象，在弹出的快捷菜单中选择"动画标签 > 对齐曲线"命令。选中"样条 .3"对象，将其拖曳到"属性"窗口的"曲线路径"文本框中。

（20）将时间滑块放置在 63F 的位置。在"属性"窗口中设置"位置"选项为 0%，单击"位置"选项左侧的 ◎ 按钮，如图 7-90 所示，在 63F 的位置记录关键帧。将时间滑块放置在 110F 的位置。在"属性"窗口中设置"位置"选项为 83%，单击"位置"选项左侧的 ◎ 按钮，如图 7-91 所示。在 110F 的位置记录关键帧，如图 7-92 所示。

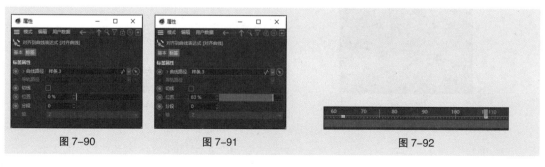

图 7-90　　　　　　　　　图 7-91　　　　　　　　　　　　　图 7-92

（21）在"对象"窗口中用鼠标右键单击"蚂蚁.5"对象，在弹出的快捷菜单中选择"动画标签 > 对齐曲线"命令。选中"样条.4"对象，将其拖曳到"属性"窗口的"曲线路径"文本框中。

（22）将时间滑块放置在58F的位置。在"属性"窗口中设置"位置"选项为0%，单击"位置"选项左侧的 ⊙ 按钮，如图7-93所示，在58F的位置记录关键帧。将时间滑块放置在102F的位置。在"属性"窗口中设置"位置"选项为73%，单击"位置"选项左侧的 ⊙ 按钮，如图7-94所示。在102F的位置记录关键帧，如图7-95所示。

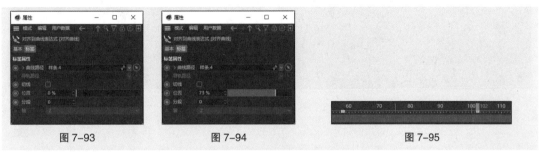

图7-93　　　　　　图7-94　　　　　　图7-95

（23）在"对象"窗口中用鼠标右键单击"蚂蚁.6"对象，在弹出的快捷菜单中选择"动画标签 > 对齐曲线"命令。选中"样条.5"对象，将其拖曳到"属性"窗口的"曲线路径"文本框中。

（24）将时间滑块放置在37F的位置。在"属性"窗口中设置"位置"选项为0%，单击"位置"选项左侧的 ⊙ 按钮，如图7-96所示，在37F的位置记录关键帧。将时间滑块放置在102F的位置。在"属性"窗口中设置"位置"选项为78%，单击"位置"选项左侧的 ⊙ 按钮，如图7-97所示。在102F的位置记录关键帧，如图7-98所示。

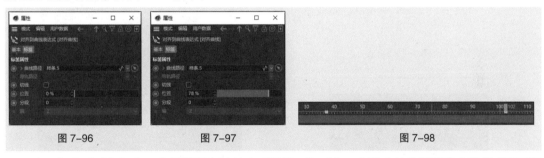

图7-96　　　　　　图7-97　　　　　　图7-98

（25）在"对象"窗口中用鼠标右键单击"蚂蚁.7"对象，在弹出的快捷菜单中选择"动画标签 > 对齐曲线"命令。选中"样条.6"对象，将其拖曳到"属性"窗口的"曲线路径"文本框中。

（26）将时间滑块放置在0F的位置。在"属性"窗口中设置"位置"选项为0%，单击"位置"选项左侧的 ⊙ 按钮，如图7-99所示，在0F的位置记录关键帧。将时间滑块放置在43F的位置。在"属性"窗口中设置"位置"选项为80%，单击"位置"选项左侧的 ⊙ 按钮，如图7-100所示。在43F的位置记录关键帧，如图7-101所示。

图7-99　　　　　　图7-100　　　　　　图7-101

（27）选择"窗口>时间线窗口（函数曲线）"命令，弹出"时间线窗口（函数曲线）"窗口。使用框选的方法全选左侧的所有对齐曲线，按Ctrl+A组合键全选控制点，如图7-102所示。单击"零长度（相切）"按钮 **0**，效果如图7-103所示，关闭窗口。

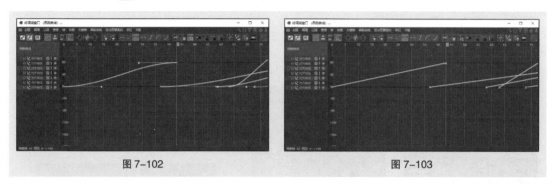

图7-102　　　　　　　　　　　　　　　　　　图7-103

（28）按F1键，切换到透视视图。将时间滑块放置在0F的位置，单击"向前播放"按钮 ▶，预览动画效果。在"对象"窗口中折叠"蚂蚁搬运动画"对象组。按住Shift键选中所有样条对象，按Alt+G组合键将它们编组，将组名修改为"样条线"，并将其拖曳到"摄像机"对象的下方，如图7-104所示。

（29）单击"编辑渲染设置"按钮 ⚙，弹出"渲染设置"窗口，设置"渲染器"为"物理"、"帧范围"为"全部帧"，如图7-105所示。

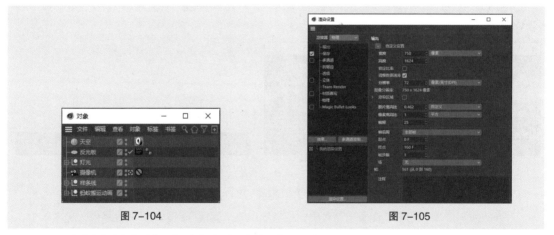

图7-104　　　　　　　　　　　　　　　　　　图7-105

（30）在左侧列表中选择"保存"选项，在右侧设置"格式"为MP4，如图7-106所示。单击"效果"按钮，在弹出的下拉列表中选择"全局光照"选项，以添加"全局光照"效果，在右侧设置"预设"为"内部–高（小光源）"，如图7-107所示。

（31）单击"效果"按钮，在弹出的下拉列表中选择"环境吸收"选项，以添加"环境吸收"效果，如图7-108所示，关闭对话框。

（32）单击"渲染到图像查看器"按钮 ▶，弹出"图像查看器"窗口，如图7-109所示。渲染完成后，单击"图像查看器"窗口中的"将图像另存为"按钮 🖼，弹出"保存"对话框，如图7-110所示。单击"确定"按钮，弹出"保存对话"对话框，在该对话框中设置文件的保存位置，并在"文件名"文本框中输入文件的名称，设置完成后，单击"保存"按钮，保存图像。至此，蚂蚁搬运动画制作完成。

图 7-106

图 7-107

图 7-108

图 7-109

图 7-110

7.2.2 摄像机类型

摄像机是 Cinema 4D 中的基本工具之一，它用来定义二维场景在空间里的显示方式。Cinema 4D 中预置了 6 种类型的摄像机，分别是摄像机、目标摄像机、立体摄像机、运动摄像机、摄像机变换及摇臂摄像机。其中，摄像机变换使用频率较低，本书不做介绍。

长按工具栏中的"摄像机"按钮 ，弹出摄像机列表，如图 7-111 所示。在摄像机列表中单击需要创建的摄像机的图标，即可在视图窗口中创建对应的摄像机。在"对象"窗口中单击 按钮，即可进入摄像机视图，如图 7-112 所示。

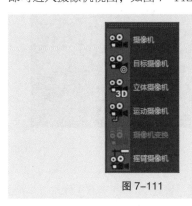

图 7-111

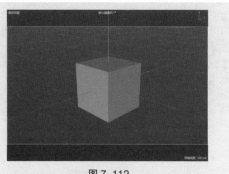

图 7-112

1. 摄像机

"摄像机"工具是常用的摄像机工具之一。在 Cinema 4D 中，只需要将场景调整到合适的视角，单击工具栏中的"摄像机"按钮，即可完成摄像机的创建。在场景中创建"摄像机"对象后，"属性"窗口中会显示该"摄像机"对象的属性，如图 7-113 所示。

图 7-113

2. 目标摄像机

"目标摄像机"工具同样是常用的摄像机工具之一，它与"摄像机"的创建方法相同。与"摄像机"工具相比，"目标摄像机"工具的"属性"窗口中增加了"目标"选项卡，如图 7-114 所示。其主要功能为与目标对象连接，即移动目标对象的位置，该摄像机的位置也会移动。

在 Cinema 4D 中，选中目标对象，在"属性"窗口中选择"对象"选项卡，勾选"使用目标对象"复选框，即可将目标对象与目标摄像机连接，如图 7-115 所示。

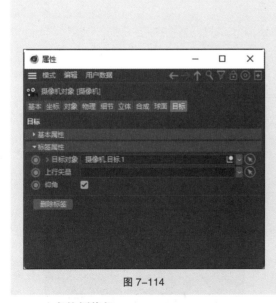

图 7-114

图 7-115

3. 立体摄像机

"立体摄像机"工具通常用来制作立体效果，其"属性"窗口如图 7-116 所示。

图 7-116

4. 运动摄像机

"运动摄像机"工具通常用来模拟手持摄像机，能够表现出镜头晃动的效果，其"属性"窗口如图 7-117 所示。

图 7-117

5. 摇臂摄像机

"摇臂摄像机"工具通常用来模拟现实生活中摇臂式摄像机的平移运动，可以在场景的上方进行垂直和水平拍摄，其"属性"窗口如图 7-118 所示。

图 7-118

7.2.3 课堂案例——制作饮料瓶的运动模糊动画

【案例学习目标】使用时间线面板中的工具制作饮料瓶的运动模糊动画。

【案例知识要点】使用时间线面板设置动画时长，使用"摄像机"工具控制视图中的显示效果，使用"记录活动对象"按钮记录关键帧，使用"坐标"窗口调整饮料瓶的位置，使用"时间线窗口（函数曲线）"窗口和"时间线窗口（摄影表）"窗口制作动画效果，使用"编辑渲染设置"按钮制作运动模糊效果，使用"渲染到图像查看器"按钮渲染动画。最终效果如图 7-119 所示。

【效果所在位置】云盘 \Ch07\ 制作饮料瓶的运动模糊动画 \ 工程文件 .c4d。

图 7-119

（1）启动 Cinema 4D。单击"编辑渲染设置"按钮 ⚙，弹出"渲染设置"窗口。在"输出"选项组中设置"宽度"为 750 像素、"高度"为 1106 像素、"帧频"为 25，如图 7-120 所示，关闭窗口。在"属性"窗口的"工程设置"选项卡中设置"帧率"为 25，如图 7-121 所示。

（2）选择"文件 > 合并项目"命令，在弹出的"打开文件"对话框中选中云盘中的"Ch07\ 制作饮料瓶的运动模糊动画 \ 素材 \01.c4d"文件，单击"打开"按钮打开文件，如图 7-122 所示。

图 7-120

图 7-121

图 7-122

（3）选择"摄像机"工具 📷，在"对象"窗口中添加一个"摄像机"对象，如图 7-123 所示。单击"摄像机"对象右侧的 按钮，如图 7-124 所示，进入摄像机视图。

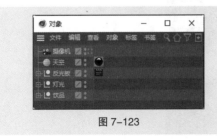

图 7-123

图 7-124

（4）在"属性"窗口的"对象"选项卡中设置"焦距"为 135 毫米，如图 7-125 所示。在"坐标"窗口的"位置"选项组中设置"X"为14cm、"Y"为89cm、"Z"为2778cm，在"旋转"选项组中设置"H"为−180.3°、"P"为−2.2°、"B"为0°，如图7-126所示。

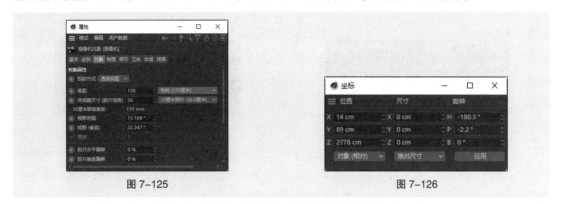

图 7-125   图 7-126

（5）在"对象"窗口中将"摄像机"对象拖曳到"灯光"对象的下方，如图7-127所示。在"摄像机"对象上单击鼠标右键，在弹出的快捷菜单中选择"装配标签＞保护"命令，效果如图7-128所示。

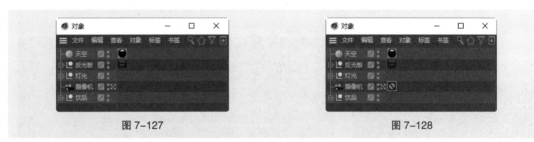

图 7-127   图 7-128

（6）在时间线面板中将"场景结束帧"设置为140F，按Enter键确定操作，如图7-129所示。

图 7-129

（7）在"对象"窗口中选中"饮品"对象组，如图7-130所示。在"坐标"窗口的"位置"选项组中设置"X"为−206.3cm、"Y"为−27.7cm、"Z"为111.7cm，如图7-131所示，单击"应用"按钮。在时间线面板中单击"记录活动对象"按钮，在0F的位置记录关键帧。

图 7-130   图 7-131

（8）将时间滑块放置在25F的位置。在"坐标"窗口的"位置"选项组中设置"X"为−206.3cm、"Y"为−67.7cm、"Z"为111.7cm，如图7-132所示，单击"应用"按钮。在时间线面板中单击"记录活动对象"按钮，在25F的位置记录关键帧。

（9）将时间滑块放置在30F的位置。在"坐标"窗口的"位置"选项组中设置"X"为−206.3cm、

"Y"为 -72.7cm、"Z"为 111.7cm，如图 7-133 所示，单击"应用"按钮。在时间线面板中单击"记录活动对象"按钮 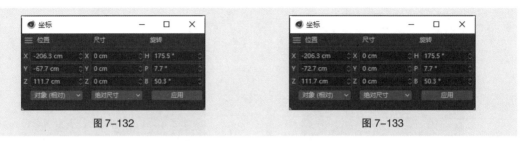，在 30F 的位置记录关键帧。

图 7-132　　　　　　　　　　　图 7-133

（10）将时间滑块放置在 60F 的位置。在"坐标"窗口的"位置"选项组中设置"X"为 -206.3cm、"Y"为 -12.7cm、"Z"为 111.7cm，如图 7-134 所示，单击"应用"按钮。在时间线面板中单击"记录活动对象"按钮 ，在 60F 的位置记录关键帧。

（11）选择"窗口>时间线窗口（函数曲线）"命令，弹出"时间线窗口（函数曲线）"窗口，按 Ctrl+A 组合键全选控制点，如图 7-135 所示。

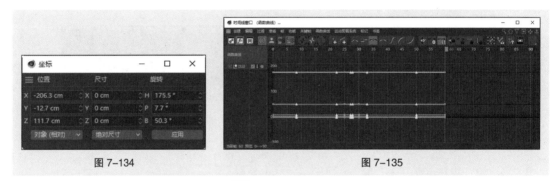

图 7-134　　　　　　　　　　　图 7-135

（12）单击"零长度（相切）"按钮 ，效果如图 7-136 所示，关闭窗口。

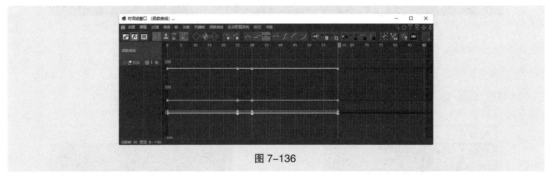

图 7-136

（13）选择"窗口>时间线窗口（摄影表）"命令，弹出"时间线窗口（摄影表）"窗口，按 Ctrl+A 组合键全选控制点，如图 7-137 所示。选择"关键帧>循环选取"命令，弹出"循环"对话框，设置"副本"为 10，如图 7-138 所示。单击"确定"按钮，返回"时间线窗口（摄影表）"窗口，关闭窗口。

（14）单击"编辑渲染设置"按钮 ，弹出"渲染设置"窗口，设置"渲染器"为"物理"、"帧频"为 25、"帧范围"为"全部帧"，如图 7-139 所示。在左侧列表中选择"物理"选项，在右侧勾选"运动模糊"复选框，如图 7-140 所示。

图 7-137

图 7-138

图 7-139

图 7-140

（15）在左侧列表中选择"保存"选项，在右侧设置"格式"为 MP4，如图 7-141 所示。单击"效果"按钮，在弹出的下拉列表中选择"环境吸收"选项，以添加"环境吸收"效果，如图 7-142所示。

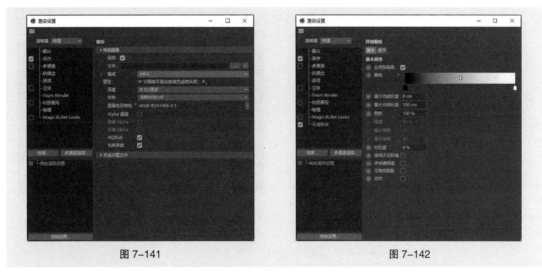

图 7-141

图 7-142

（16）单击"效果"按钮，在弹出的下拉列表中选择"全局光照"选项，以添加"全局光照"效果，在右侧设置"预设"为"内部 - 高（小光源）"，如图 7-143 所示，关闭窗口。

（17）单击"渲染到图像查看器"按钮，弹出"图像查看器"窗口，如图 7-144 所示。渲染完成后，单击"图像查看器"窗口中的"将图像另存为"按钮，弹出"保存"窗口，如图 7-145 所示。

单击"确定"按钮，弹出"保存对话"对话框，在该对话框中设置文件的保存位置，并在"文件名"文本框中输入文件的名称，设置完成后，单击"保存"按钮，保存图像。至此，饮料瓶的运动模糊动画制作完成。

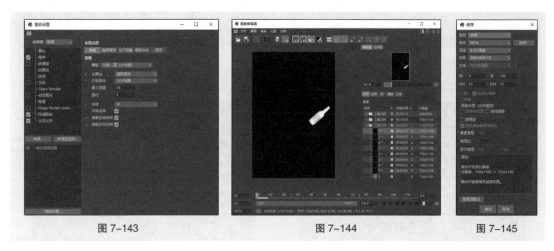

图 7-143　　　　　　　　　图 7-144　　　　　　　　　图 7-145

7.2.4　摄像机属性

1. 基本

在场景中创建摄像机后，在"属性"窗口中选择"基本"选项卡，如图 7-146 所示。该选项卡主要用于更改摄像机的名称、设置摄像机在编辑器和渲染器中是否可见、修改摄像机的显示颜色等。

2. 坐标

在场景中创建摄像机后，在"属性"窗口中选择"坐标"选项卡，如图 7-147 所示。该选项卡主要用于设置位置（P）、旋转（S）和缩放（R）在 x 轴、y 轴和 z 轴上的值。

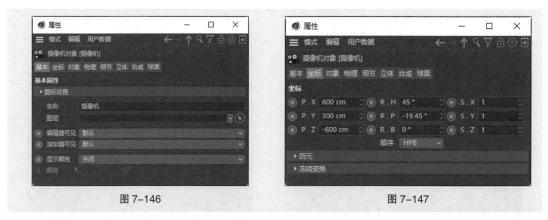

图 7-146　　　　　　　　　　　　　　　图 7-147

3. 对象

在场景中创建摄像机后，在"属性"窗口中选择"对象"选项卡，如图 7-148 所示。该选项卡主要用于设置摄像机的投射方式、焦距、传感器尺寸（胶片规格）及视野范围等。

4. 物理

在场景中创建摄像机后，在"属性"窗口中选择"物理"选项卡，如图 7-149 所示。该选项卡主要用于设置摄像机的光圈、曝光效果、快门速度（秒）及快门效率等。

图 7-148

图 7-149

5. 细节

在场景中创建摄像机后，在"属性"窗口中选择"细节"选项卡，如图 7-150 所示。该选项卡主要用于设置摄像机的近端剪辑距离、是否显示视锥及景深映射范围等。

图 7-150

7.3 课堂练习——制作闭眼动画

【练习知识要点】使用时间线面板设置动画时长，使用"样条画笔"工具、"柔性差值"命令、"样条布尔"命令和"挤压"命令制作闭眼动画，使用"坐标"窗口调整对象的位置，使用"记录活动对象"按钮记录关键帧，使用"时间线窗口（函数曲线）"窗口和"时间线窗口（摄影表）"窗口制作动画效果，使用"编辑渲染设置"按钮和"渲染到图像查看器"按钮渲染动画。最终效果如图 7-151 所示。

【效果所在位置】云盘 \Ch07\ 制作闭眼动画 \ 工程文件 .c4d。

扫码观看
本案例视频

图 7-151

7.4 课后习题——制作人物环绕动画

【习题知识要点】使用时间线面板设置动画时长，使用"属性"窗口设置对象的旋转角度，使用"圆环"工具和"对齐曲线"命令设置对象的运动路径，使用"时间线窗口（函数曲线）"窗口制作动画效果，使用"编辑渲染设置"按钮和"渲染到图像查看器"按钮渲染动画。最终效果如图 7-152 所示。

扫码观看
本案例视频

【效果所在位置】云盘 \Ch07\ 制作人物环绕动画 \ 工程文件 .c4d。

图 7-152

08

第 8 章

Cinema 4D 商业案例实战

▶ 本章介绍

　　经过前面几章的深入学习与实操，本章将介绍几个不同领域的商业案例的实际应用，并通过项目背景、项目要求、项目设计、项目要点和项目制作的步骤详细讲解 Cinema 4D 的强大功能和操作技巧。通过对本章的学习，读者可以快速掌握商业案例的设计理念和 Cinema 4D 的操作要点，制作出具有专业水准的作品。

知识目标

- 理解商业案例的项目背景。
- 理解商业案例的项目要求。
- 熟悉商业案例的项目设计。
- 掌握商业案例的制作要点。

慕课视频

Cinema 4D 商业案例实战

能力目标

- 掌握家居产品海报的制作方法。
- 掌握家电类 Banner 的制作方法。
- 掌握闪屏页的制作方法。
- 掌握室内环境效果图的制作方法。
- 掌握游戏关卡页的制作方法。
- 掌握主图的制作方法。
- 掌握引导页的制作方法。
- 掌握室外环境效果图的制作方法。

素质目标

- 培养应对 Cinema 4D 商业案例中的问题，能够有效解决的能力。
- 培养对 Cinema 4D 商业案例制作锐意进取、精益求精的工匠精神。

8.1 制作家居产品海报

8.1.1 项目背景

1. 客户名称

Easy Life 家居有限公司。

2. 客户需求

Easy Life 家居有限公司的主要经营范围为实木家具、整体橱柜和卫浴等系列产品，除此之外，还提供家具定制服务，其产品远销多个国家和地区。该公司现在需要为即将到来的节日促销活动设计一款海报，要求以生动活泼的卡通形象为主体来表现节日氛围。

 扫码观看本案例视频 1
 扫码观看本案例视频 2
 扫码观看本案例视频 3
 扫码观看本案例视频 4
 扫码观看本案例视频 5
 扫码观看本案例视频 6
 扫码观看本案例视频 7
 扫码观看本案例视频 8

8.1.2 项目要求

（1）背景使用室内场景，以营造真实、自然的氛围。

（2）卡通形象可爱、生动、活泼，让人印象深刻。

（3）标题文字及活动信息简洁明了，搭配合理。

（4）色彩简洁、亮丽，以增强画面的活泼感。

（5）设计规格为 1242 像素（宽）×2208 像素（高），分辨率为 72 像素 / 英寸。

8.1.3 项目设计

本项目的设计流程如图 8-1 所示。

（a）建立模型

（b）设置摄像机

（c）设置灯光

（d）赋予材质

（e）渲染输出

（f）最终效果

图 8-1

8.1.4　项目要点

使用多种参数化对象、生成器及多边形建模工具建立模型，使用"摄像机"工具控制视图中的显示效果，使用"区域光"工具制作灯光效果，使用"材质"窗口创建材质并设置材质的属性，使用"天空"工具制作环境效果，使用"编辑渲染设置"按钮和"渲染到图像查看器"按钮渲染图像。

8.1.5　项目制作

（1）建立模型，设置摄像机，如图 8-2 所示。

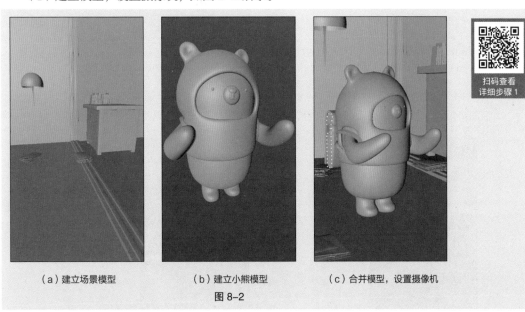

扫码查看
详细步骤 1

（a）建立场景模型　　　　（b）建立小熊模型　　　　（c）合并模型，设置摄像机

图 8-2

（2）设置灯光，如图 8-3 所示。

扫码查看
详细步骤 2

（a）设置主光源　　　　（b）设置辅光源　　　　（c）设置背光源

图 8-3

（3）为模型赋予材质，如图 8-4 所示。

扫码查看
详细步骤 3

（a）赋予场景模型材质　　　　　　　　　（b）赋予小熊模型材质

图 8-4

（4）渲染输出，并进行后期处理，如图 8-5 所示。

扫码查看
详细步骤 4

（a）添加天空，渲染输出　　　　　　（b）添加文字并排版、调色等，完成制作

图 8-5

8.2 制作家电类 Banner

8.2.1 项目背景

1. 客户名称

奥海森家电专卖店。

2. 客户需求

"奥海森"是一家以家电销售为主的电商公司，其经营
范围涵盖各类中小型家电。该公司近期新推出了一款吹风机
产品，需要为其制作一个全新的网站首页 Banner，要求起到

扫码观看
本案例视频 1

扫码观看
本案例视频 2

扫码观看
本案例视频 3

扫码观看
本案例视频 4

扫码观看
本案例视频 5

扫码观看
本案例视频 6

扫码观看
本案例视频 7

扫码观看
本案例视频 8

宣传公司新产品的作用，给客户传递安全和舒适的感觉。

8.2.2　项目要求

（1）设计风格要简洁大方，给人以高端、时尚的感觉。

（2）以产品图片为主体，从而给客户带来直观的感受，突出宣传主题。

（3）画面色彩清新干净，与宣传的产品相呼应。

（4）使用直观醒目的文字来诠释产品的特性。

（5）设计规格为 1920 像素（宽）×900 像素（高），分辨率为 72 像素 / 英寸。

8.2.3　项目设计

本项目的设计流程如图 8-6 所示。

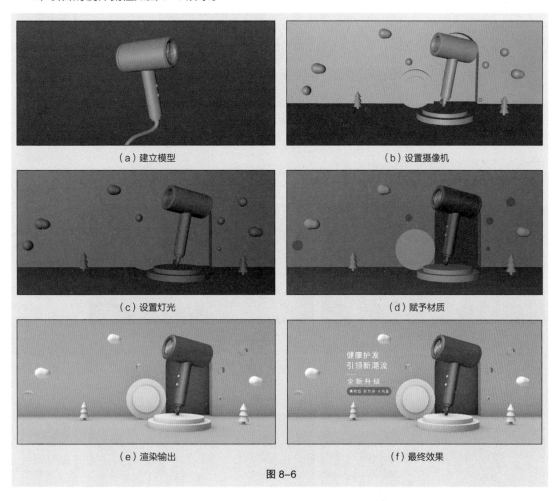

（a）建立模型　　　　　　　（b）设置摄像机

（c）设置灯光　　　　　　　（d）赋予材质

（e）渲染输出　　　　　　　（f）最终效果

图 8-6

8.2.4　项目要点

使用多种参数化对象、生成器及多边形建模工具建立模型，使用"摄像机"工具控制视图中的显示效果，使用"区域光"工具制作灯光效果，使用"材质"窗口创建材质并设置材质的属性，使用"物理天空"工具制作环境效果，使用"编辑渲染设置"按钮和"渲染到图像查看器"按钮渲染图像。

8.2.5 项目制作

（1）建立模型，设置摄像机，如图 8-7 所示。

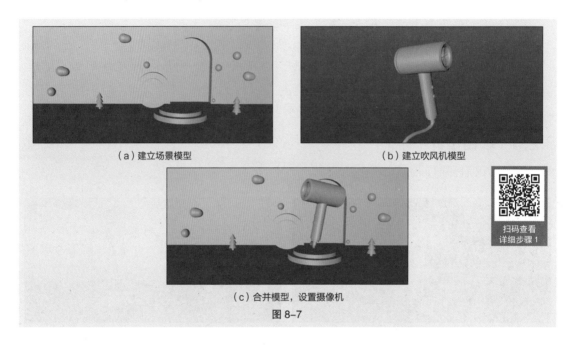

（a）建立场景模型　　　　　　　　（b）建立吹风机模型

（c）合并模型，设置摄像机

图 8-7

扫码查看
详细步骤 1

（2）设置灯光，如图 8-8 所示。

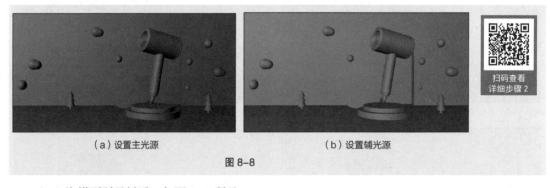

（a）设置主光源　　　　　　　　（b）设置辅光源

图 8-8

扫码查看
详细步骤 2

（3）为模型赋予材质，如图 8-9 所示。

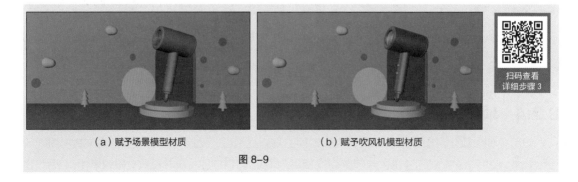

（a）赋予场景模型材质　　　　　　　　（b）赋予吹风机模型材质

图 8-9

扫码查看
详细步骤 3

Cinema 4D 核心应用案例教程（全彩慕课版）

（4）渲染输出，并进行后期处理，如图 8-10 所示。

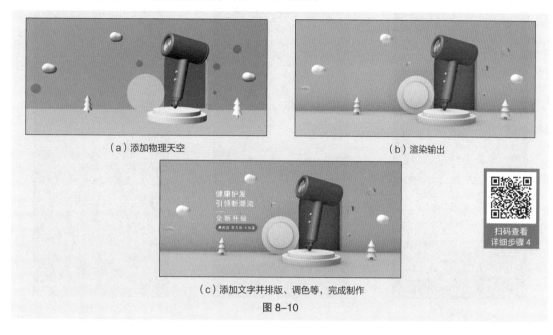

（a）添加物理天空　　　　　　　　　　　　　（b）渲染输出

（c）添加文字并排版、调色等，完成制作

图 8-10

8.3　制作闪屏页

8.3.1　项目背景

1. 客户名称

中悦云教育培训学校。

2. 客户需求

"中悦云"是一家专注于培养中小学生素养的专业教育机构，深受众多家长的信赖。该机构现在需要为即将到来的儿童节设计一个闪屏页，要求该闪屏页的整体风格轻松、活泼，并营造出欢快的氛围。

8.3.2　项目要求

（1）使用简洁的纯色背景，以便突出主题。

（2）以卡通形象为主体，使画面生动、有活力。

（3）整个画面美观、大方，迎合学生的喜好。

（4）标题文字要直观、醒目。

（5）设计规格为 750 像素（宽）×1624 像素（高），分辨率为 72 像素 / 英寸。

8.3.3　项目设计

本项目的设计流程如图 8-11 所示。

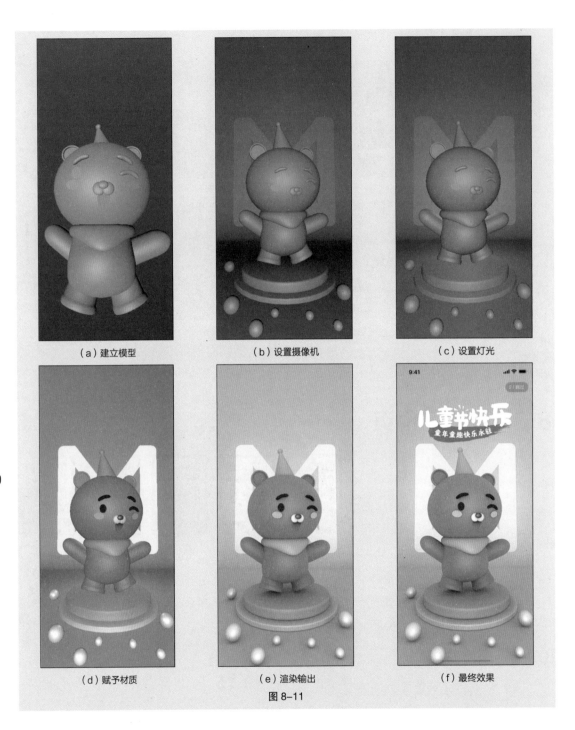

（a）建立模型 （b）设置摄像机 （c）设置灯光

（d）赋予材质 （e）渲染输出 （f）最终效果

图 8-11

8.3.4 项目要点

使用多种参数化对象、生成器及多边形建模工具建立模型，使用"摄像机"工具控制视图中的显示效果，使用"区域光"工具制作灯光效果，使用"材质"窗口创建材质并设置材质的属性，使用"物理天空"工具制作环境效果，使用"编辑渲染设置"按钮和"渲染到图像查看器"按钮渲染图像。

8.3.5 项目制作

（1）建立模型，设置摄像机，如图 8-12 所示。

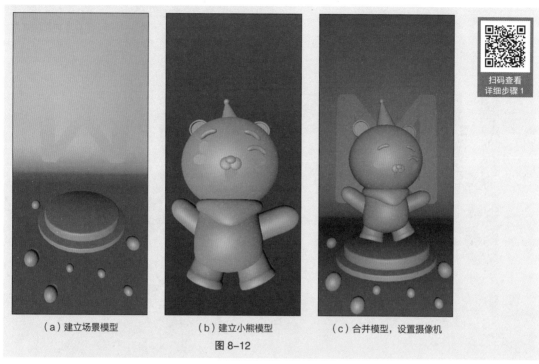

（a）建立场景模型　　（b）建立小熊模型　　（c）合并模型，设置摄像机

图 8-12

（2）设置灯光，如图 8-13 所示。

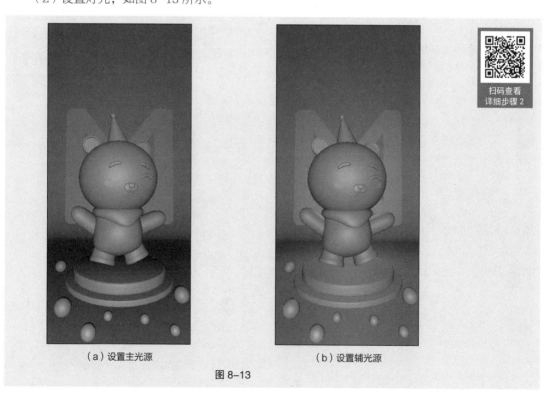

（a）设置主光源　　　　　　　　　（b）设置辅光源

图 8-13

（3）为模型赋予材质，如图 8-14 所示。

扫码查看
详细步骤 3

（a）赋予场景模型材质　　　　　　　　（b）赋予小熊模型材质

图 8-14

（4）渲染输出，并进行后期处理，如图 8-15 所示。

扫码查看
详细步骤 4

（a）添加物理天空　　　　　（b）渲染输出　　　　（c）添加文字并排版、调色等，

完成制作

图 8-15

8.4 制作室内环境效果图

8.4.1 项目背景

1. 客户名称

迪徽室内设计有限公司。

2. 客户需求

"迪徽"是一家小型创意设计公司，专注于
中小型房屋的室内设计，并能够有效把控装修成
本，确保项目顺利实施。该公司凭借优秀的设计

扫码观看　扫码观看　扫码观看　扫码观看　扫码观看
本案例视频1　本案例视频2　本案例视频3　本案例视频4　本案例视频5

扫码观看　扫码观看　扫码观看　扫码观看
本案例视频6　本案例视频7　本案例视频8　本案例视频9

理念和极富创意的设计思维在业界树立了良好的口碑。该公司现在需要为客户设计一张客厅装修效
果图，要求该效果图的整体风格温馨、舒适。

8.4.2 项目要求

（1）以暖色系色彩为主，画面中的色彩要协调、统一。

（2）家具的色彩要柔和、温暖。

（3）整体设计要富有创意，表现出多彩的日常生活场景。

（4）整体布局和装饰物运用要合理，给人一种幸福感和舒适感。

（5）设计规格为 1400 像素（宽）×1064 像素（高），分辨率为 72 像素 / 英寸。

8.4.3 项目设计

本项目的设计流程如图 8-16 所示。

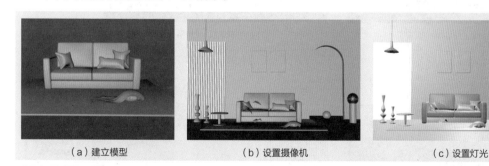

（a）建立模型　　　　　　（b）设置摄像机　　　　　　（c）设置灯光

（d）赋予材质　　　　　　　　　（e）渲染输出

图 8-16

8.4.4 项目要点

使用多种参数化对象、生成器及多边形建模工具建立模型，使用"摄像机"工具控制视图中的显示效果，使用"区域光"工具制作灯光效果，使用"材质"窗口创建材质并设置材质的属性，使用"物理天空"工具制作环境效果，使用"编辑渲染设置"按钮和"渲染到图像查看器"按钮渲染图像。

8.4.5 项目制作

（1）建立模型，设置摄像机，如图 8-17 所示。

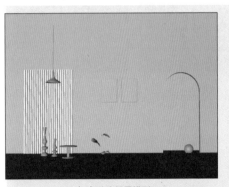

扫码查看
详细步骤1

（a）建立场景模型　　　　　　　　　　　　（b）建立绿植模型

（c）建立沙发模型　　　　　　　　　　　　（d）合并模型，设置摄像机

图 8-17

（2）设置灯光，如图 8-18 所示。

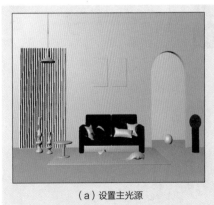
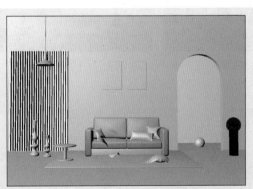

扫码查看
详细步骤2

（a）设置主光源　　　　　　　　　　　　　（b）设置辅光源

图 8-18

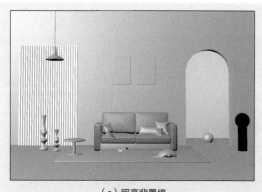

（c）照亮背景墙

（d）照亮小球

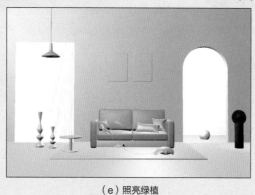

（e）照亮绿植

图 8-18（续）

（3）为模型赋予材质，如图 8-19 所示。

（a）赋予场景模型材质

（b）赋予绿植模型材质

（c）赋予沙发模型材质

图 8-19

扫码查看
详细步骤 3

（4）添加天空，渲染输出，如图 8-20 所示。

扫码查看
详细步骤 4

添加天空，渲染输出

图 8-20

8.5 制作游戏关卡页

8.5.1 项目背景

扫码观看　扫码观看　扫码观看　扫码观看　扫码观看
本案例视频1　本案例视频2　本案例视频3　本案例视频4　本案例视频5

1. 客户名称

薇薇森林 App。

2. 客户需求

薇薇森林 App 是一款角色扮演类的模拟经营游戏，兼具美观性与娱乐性。本项目将为其设计一个游戏关卡页，要求游戏场景生动、形象，使玩家有身临其境的感觉。

扫码观看　扫码观看
本案例视频6　本案例视频7

8.5.2 项目要求

（1）使用渐变背景，以便突出主体内容。

（2）使用立体化的设计，让人一目了然。

（3）版面设计具有美感。

（4）色彩搭配协调、统一，给人以舒适、自然的感觉。

（5）设计规格为 750 像素（宽）×1624 像素（高），分辨率为 72 像素 / 英寸。

8.5.3 项目设计

本项目的设计流程如图 8-21 所示。

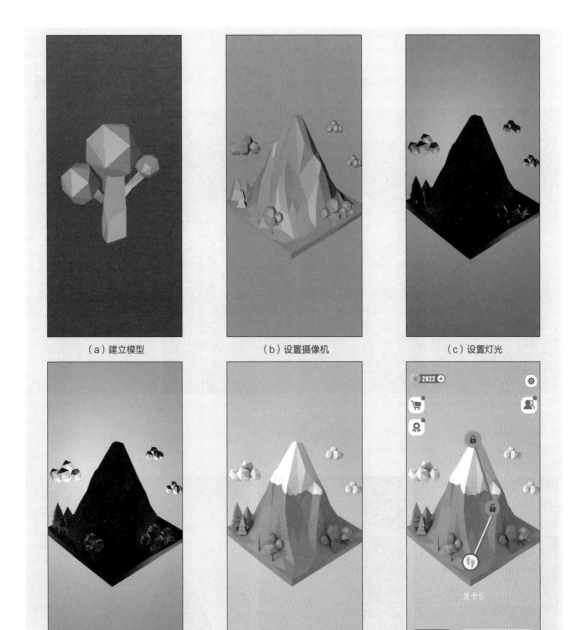

(a) 建立模型	(b) 设置摄像机	(c) 设置灯光
(d) 赋予材质	(e) 渲染输出	(f) 最终效果

图 8-21

8.5.4　项目要点

使用多种参数化对象、生成器、变形器及多边形建模工具建立模型，使用"摄像机"工具控制视图中的显示效果，使用"区域光"工具制作灯光效果，使用"材质"窗口创建材质并设置材质的属性，使用"物理天空"工具制作环境效果，使用"编辑渲染设置"按钮和"渲染到图像查看器"按钮渲染图像。

8.5.5　项目制作

（1）建立模型，设置摄像机，如图 8-22 所示。

Cinema 4D 核心应用案例教程（全彩慕课版）

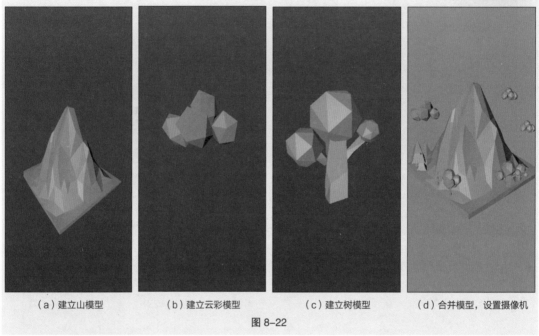

（a）建立山模型　　　　（b）建立云彩模型　　　　（c）建立树模型　　　　（d）合并模型，设置摄像机

图 8-22

（2）设置灯光，如图 8-23 所示。

198

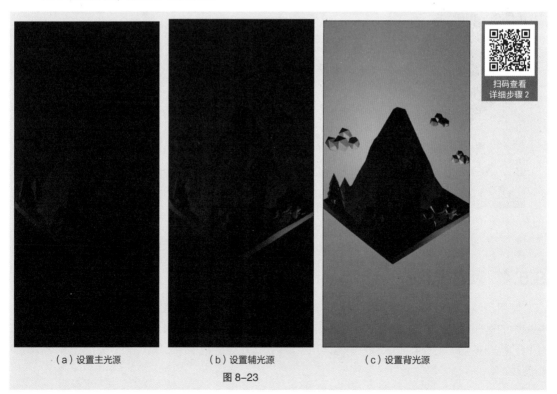

（a）设置主光源　　　　　　（b）设置辅光源　　　　　　（c）设置背光源

图 8-23

（3）为模型赋予材质，如图 8-24 所示。

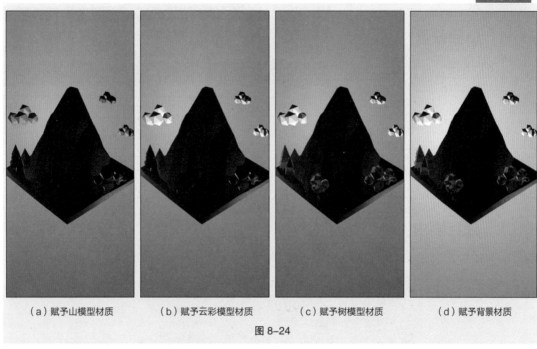

（a）赋予山模型材质　　（b）赋予云彩模型材质　　（c）赋予树模型材质　　（d）赋予背景材质

图 8-24

（4）渲染输出，并进行后期设计处理，如图 8-25 所示。

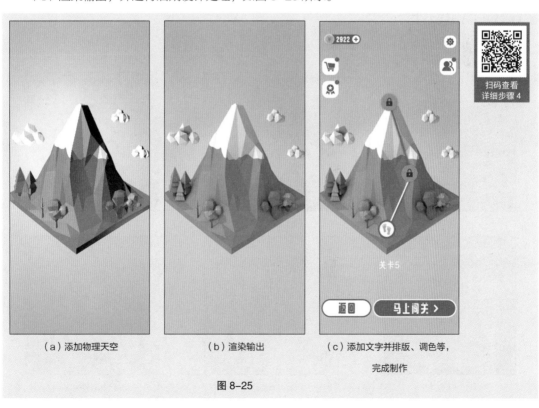

（a）添加物理天空　　　　（b）渲染输出　　　　（c）添加文字并排版、调色等，
完成制作

图 8-25

8.6 制作主图

8.6.1 项目背景

1. 客户名称

美加宝美妆有限公司。

2. 客户需求

美加宝美妆有限公司主要经营保湿水、乳液、精华、洗面奶等多种护肤与美妆产品，是一个历史悠久的国货品牌，深受消费者的喜爱。该公司

扫码观看本案例视频1　扫码观看本案例视频2　扫码观看本案例视频3　扫码观看本案例视频4　扫码观看本案例视频5　扫码观看本案例视频6　扫码观看本案例视频7　扫码观看本案例视频8　扫码观看本案例视频9

现在需要为即将到来的节日促销活动设计一款主图，要求以多个产品为主体，生动活泼地表现节日氛围。

8.6.2 项目要求

（1）背景使用暖色调，以营造节日氛围。

（2）画面中的色彩协调、统一，以突出产品。

（3）标题文字及活动信息简洁明了，搭配合理。

（4）装饰物分布均匀，以增强画面的活泼感。

（5）设计规格为 800 像素（宽）×800 像素（高），分辨率为 72 像素 / 英寸。

8.6.3 项目设计

本项目的设计流程如图 8-26 所示。

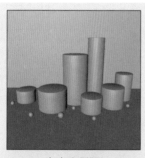

（a）建立模型

（b）设置摄像机

（c）设置灯光

（d）赋予材质

（e）添加动画

（f）渲染输出

图 8-26

Cinema 4D 核心应用案例教程（全彩慕课版）

8.6.4 项目要点

使用多种参数化对象、生成器及多边形建模工具建立模型，使用"摄像机"工具控制视图中的显示效果，使用"区域光"工具制作灯光效果，使用"材质"窗口创建材质并设置材质的属性，使用"物理天空"工具制作环境效果，使用"编辑渲染设置"按钮和"渲染到图像查看器"按钮渲染图像。

8.6.5 项目制作

（1）建立模型，设置摄像机，如图 8-27 所示。

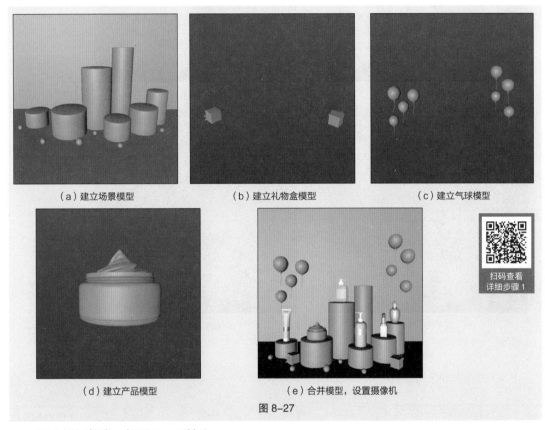

（a）建立场景模型   （b）建立礼物盒模型   （c）建立气球模型

（d）建立产品模型   （e）合并模型，设置摄像机

图 8-27

扫码查看
详细步骤 1

（2）设置灯光，如图 8-28 所示。

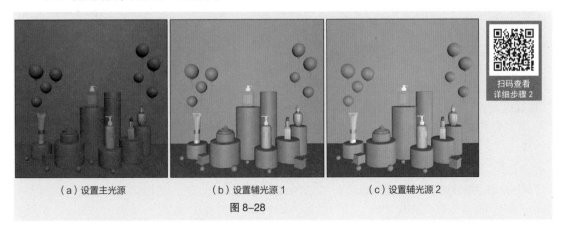

扫码查看
详细步骤 2

（a）设置主光源   （b）设置辅光源 1   （c）设置辅光源 2

图 8-28

（3）为模型赋予材质，如图 8-29 所示。

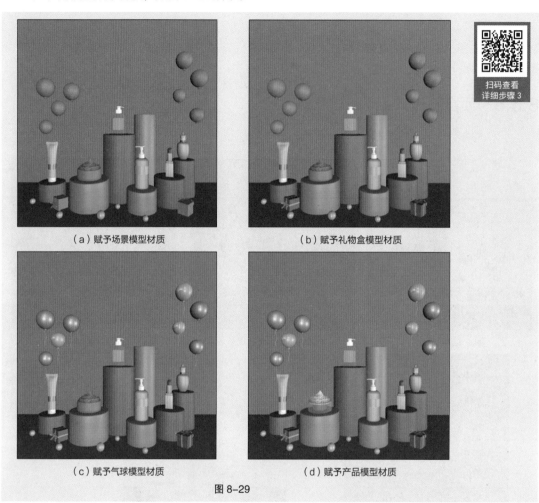

（a）赋予场景模型材质　　　　　　　（b）赋予礼物盒模型材质

（c）赋予气球模型材质　　　　　　　（d）赋予产品模型材质

图 8-29

（4）添加物理天空，渲染输出，如图 8-30 所示。

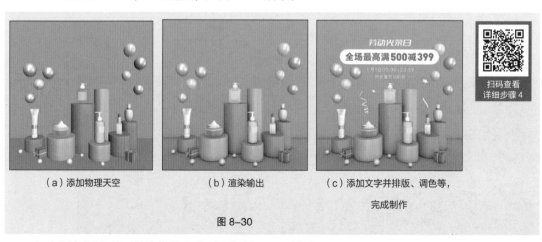

（a）添加物理天空　　　　（b）渲染输出　　　　（c）添加文字并排版、调色等，

完成制作

图 8-30

（5）添加风力动画并渲染输出动画，如图 8-31 所示。

Cinema 4D 核心应用案例教程（全彩慕课版）

（a）添加风力动画

（b）渲染输出动画

扫码查看
详细步骤 5

图 8-31

8.7　课堂练习——制作引导页

8.7.1　项目背景

扫码观看
本案例视频 1

扫码观看
本案例视频 2

扫码观看
本案例视频 3

扫码观看
本案例视频 4

扫码观看
本案例视频 5

扫码观看
本案例视频 6

扫码观看
本案例视频 7

1. 客户名称

飞喵旅行网。

2. 客户需求

飞喵旅行网是一家在线票务服务公司，为客户提供集酒店预订、机票预订、商旅管理、特惠商户信息及旅游资讯于一体的全方位旅行服务。本项目将为其设计一个出行引导页，要求引导页的效果可爱、生动，使客户对其中的内容产生兴趣。

8.7.2　项目要求

（1）使用渐变色和矢量图形均匀分布的背景，以突出主体内容。

（2）以卡通形象为主，并通过立体化的设计吸引客户的注意。

（3）标题文字的设计要具有美感。

（4）色彩搭配协调、统一，给人以舒适、自然的感觉。

（5）设计规格为 750 像素（宽）×1624 像素（高），分辨率为 72 像素 / 英寸。

8.7.3　项目设计

本项目的设计效果如图 8-32 所示。

8.7.4　项目要点

使用多种参数化对象、生成器、变形器及多边形建模工具建立模型，

图 8-32

使用"摄像机"工具控制视图中的显示效果，使用"区域光"工具制作灯光效果，使用"材质"窗口创建材质并设置材质的属性，使用"物理天空"工具制作环境效果，使用"编辑渲染设置"按钮和"渲染到图像查看器"按钮渲染图像。

8.8 课后习题——制作室外环境效果图

8.8.1 项目背景

1. 客户名称

艺虎环境艺术设计有限公司。

2. 客户需求

"艺虎"是一家环境艺术设计公司，主要经营园林绿化工程、建筑工程、室内外装修设计、项目施工等业务。该公司现在需要为客户设计一张室外环境效果图，要求该效果图有质感、有温度。

扫码观看
本案例视频1

扫码观看
本案例视频2

扫码观看
本案例视频3

扫码观看
本案例视频4

扫码观看
本案例视频5

扫码观看
本案例视频6

8.8.2 项目要求

（1）模拟真实场景，整体效果要自然生动。

（2）使用柔和、清新的色彩，画面中的色彩要丰富。

（3）整体设计要富有创意，具有艺术气息。

（4）整体布局要合理，给人以舒适感。

（5）设计规格为1138像素（宽）×1400像素（高），分辨率为72像素/英寸。

8.8.3 项目设计

本项目的设计效果如图8-33所示。

8.8.4 项目要点

使用多种参数化对象、生成器及多边形建模工具建立模型，使用"摄像机"工具控制视图中的显示效果，使用"区域光"工具制作灯光效果，使用"材质"窗口创建材质并设置材质的属性，使用"物理天空"工具制作环境效果，使用"编辑渲染设置"按钮和"渲染到图像查看器"按钮渲染图像。

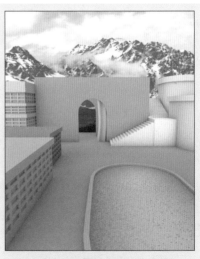
图8-33